油气长输管道
风险目录应用手册

成素凡 黄 鑫 等编著

石油工业出版社

内容提要

本书介绍了风险目录建设的相关理论和方法,通过对管控系统功能与现场对称性的展开式分解,采取案例分析、资料检索、危害性质诊断等方式实现风险目录的建立健全,把管控系统存在的风险全方位、全角度地识别出来,让风险管理者能详尽地了解管控系统全生命周期内存在的风险信息,从而更加有效地实现风险预防与治理。

本书适用于油气长输管道企业管理人员、技术人员和操作员工阅读使用,也可作为企业 HSE 培训教材。

图书在版编目(CIP)数据

油气长输管道风险目录应用手册 / 成素凡等编著.

—北京:石油工业出版社,2017.11

ISBN 978-7-5183-2236-7

Ⅰ.①油… Ⅱ.①成… Ⅲ.①油气运输–长输管道–风险管理–手册 Ⅳ.①TE973-62

中国版本图书馆 CIP 数据核字(2017)第 261540 号

出版发行:石油工业出版社
(北京安定门外安华里 2 区 1 号 100011)
网　　址:www.petropub.com
编辑部:(010)64523550　　图书营销中心:(010)64523633
经　　销:全国新华书店
印　　刷:保定彩虹印刷有限公司

2017 年 11 月第 1 版　2017 年 11 月第 1 次印刷
787×1092 毫米　开本:1/16　印张:19.25
字数:400 千字

定价:75.00 元
(如出现印装质量问题,我社图书营销中心负责调换)
版权所有,翻印必究

《油气长输管道风险目录应用手册》
编 委 会

主　　任：刘　锴
副 主 任：朱　进　付建华
成　　员：郑兴华　蒋金生　郑贤斌　刘　洪　周　劲

《油气长输管道风险目录应用手册》
编 写 组

主　　编：成素凡　黄　鑫
编写人员：黄翼鹏　马剑林　张亚灵　陶建中　赵孝峰
　　　　　成元灵　徐国瀚　郑登锋　洪　娜　刘永奇
　　　　　罗　钦　王雯娟　周化刚　刘素艳　张　杰
　　　　　罗　旭　徐菊芳　王　宇　胡　鸿　罗　欢
　　　　　杨建伟　于劲磊　李柯江　程文杰

前言

风险管理旨在保证企业恰当地应对风险,提高风险应对的效率和效果,增强行动的合理性,有效地配置资源。有效的风险管理应当融入整个组织的理念、治理、管理、程序、方针策略及其文化等各方面。风险管理意识是整个企业文化的一部分。风险管理适用于企业的全生命周期及其任何阶段,其适用范围包括企业的所有领域和层级,也包括具体部门和活动。

油气长输管道在运行与管理中涉及安全环保问题的因素很多,但如果能够通过适当的方法事先对危险有害因素进行识别,找出可能存在的危险有害因素,经过应用相应的风险评价准则对危险有害因素可能导致的后果进行评价,就能够对长输管道、站场中存在的危险有害因素采取相应的控制措施,从而大大提高管道、站场和油库整体的安全性。

为满足员工风险意识和危害因素辨识能力提升的需求,本书在大量分析危险有害因素辨识方法和分析评价方法的基础上,结合管道企业的生产经营实践,以及国内外风险评价实践,推荐形成了一套较为完善的适合于管道企业全生命周期各阶段各环节风险识别工具,能很好地将工作岗位、工作环境、施工作业和管理环节等方面的危险有害因素予以辨识和风险评价识别出来,为编制有效的风险管控措施、实现持续改进的目标提供有益的帮助。同时,笔者还在研究和教学中应用集成学的方法组合编制形成了"系统功能展开法",经过现场培训和应用证明,该方法的建立为企业在减少风险分析缺项管理中采用多种风险评价工具开展风险评价、减少分析成本提供了方便。

本书第一章由成素凡、黄鑫、黄翼鹏、陶建中、赵孝峰编写;第二章由成素凡、黄鑫、马剑林、张亚灵、成元灵、罗钦、洪娜、刘素艳编写;第三章由成素凡、黄鑫、张亚灵、徐国瀚、郑登锋、张杰、洪娜编写;第四章由成素凡、黄鑫、罗旭、王雯娟、周化刚、胡鸿、刘永奇、于劲磊编写；第五章由成素凡、徐菊芳、王宇、罗欢、杨建伟、程文杰、李柯江编写。

本书大量列举了风险评价过程中所需的理论和标准规范，编制的各类表格也基本参照了原有表格模式。本书目的在于为参与油气长输管道设计、施工、运行和处置全生命周期安全环保管理的领导与技术干部提供管理过程中所需的管理模式、管理标准以及决策方法和依据。

因编者认识水平有限，书中难免有疏漏不当之处，欢迎各位读者朋友批评指正。

目录

第一章　风险目录建设基础技术 ··· 1
　第一节　风险目录概念 ··· 2
　第二节　风险目录相关理论 ··· 7
　第三节　风险目录相关方法 ·· 15

第二章　风险目录建立与管理 ·· 30
　第一节　生命周期阶段划分 ·· 30
　第二节　风险目录建立 ··· 33
　第三节　风险目录管理 ··· 42

第三章　风险目录层级分解 ·· 46
　第一节　管道、站场和油库系统架构分解 ······································· 46
　第二节　职业健康因素构成架构分解 ··· 53
　第三节　环境因素构成分解 ·· 55
　第四节　作业架构分解 ··· 61
　第五节　重大危险源架构分解 ·· 68

第四章　风险目录信息收集 ·· 75
　第一节　危害因素识别 ··· 75
　第二节　风险评价 ·· 150
　第三节　风险防控措施编制 ··· 193
　第四节　剩余风险评价 ·· 222

第五章　风险目录应用 ··· 227
　第一节　风险目录应用途径 ··· 227
　第二节　风险目录与管控机制建设 ··································· 228
　第三节　风险目录与"三同时"管理 ································· 236
　第四节　风险管控效果验证 ··· 246
附录 ·· 251
　一、天然气与管道业务危害因素表 ··································· 251
　二、风险防控措施编制指导表 ·· 258
　三、油气长输管道风险目录编制示例 ································· 281
参考文献 ·· 300

第一章 风险目录建设基础技术

风险目录的建设是要为风险管理者提供一套完整管理风险的工具,是一项长期艰苦卓绝且需持续完善的工作,只有充分地了解风险识别的需要,才有正确实施风险目录建设工作方向的开始。

风险识别系统结构图的构建是将油气储运系统中可能的风险识别要素呈现出来,为风险识别人员提供技术思维的引导。风险识别系统结构图由"系统"、"人员"、"任务"和"环境"四个部分组成,形象地描述了这四者之间的相互关系。图中的"系统"要素是指由生产、经营、作业和服务构建的人造系统和由管道、设备、储罐和仪表构成的物理系统,主要包括生产系统、行政系统和服务系统,如图 1-1 所示。风险识别系统结构图将风险目录建设过程中涉及的生命周期、系统层级结构、过程管理、系统功能展开等知识内容都抽象地联系在一起,表明风险目录的建设是一项集风险识别理论和方法应用的系统工程。

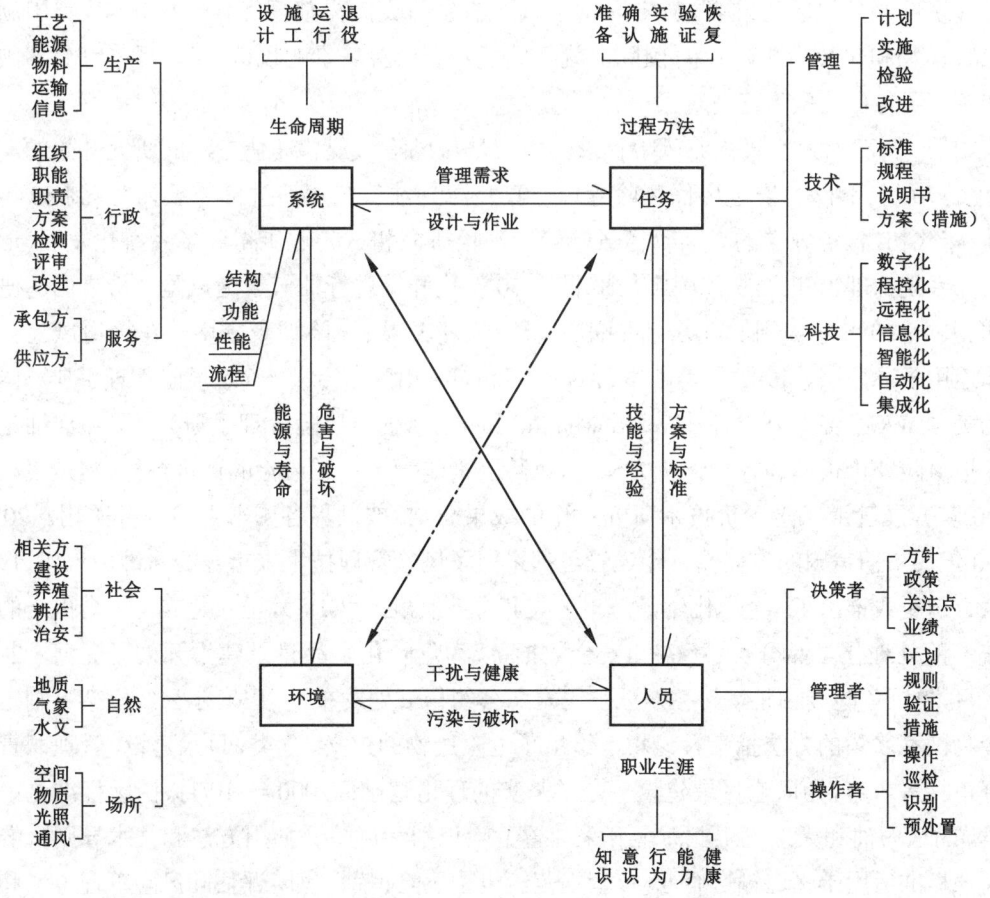

图 1-1 风险识别系统结构图

第一节　风险目录概念

一、风险目录简介

风险目录是危害因素及风险识别成果汇编,是列出并定义了全部相关风险的一种信息资源,是危害因素、风险分布、风险性质等风险信息查阅的工具。

通常意义的目录是指书籍正文前所载的目次,是揭示和报道图书的工具,是记录图书的书名、著者、出版与收藏等情况,按照一定的次序编排而成,是反映馆藏、指导阅读、检索图书的工具。它产生于文献的大量积累和人们对文献利用的需求。目录作为一种联系文献与需求者之间的媒介或纽带,以最大限度满足人们的书目情报需求为目的,对文献信息进行科学的揭示和有效的报道,并且不受时间和空间的限制。

风险管理问题由来已久,从20世纪30年代的保险行业开始,人们就一直在研究风险事件可能带来的伤害。而大量的研究成果都飘落在不同的领域和风险管理过程中。然而,也有许多细心的风险管理者,从零开始了风险信息的收集与整理工作。1938年,美国颁布《食品、药物和化妆品法》开始,国际上就开始了基于风险名录的规范工作,后来世界各国又陆续颁布了各自的风险管理对象。

在国外,石油天然气行业风险目录的建设是从风险识别和评估方法的研究开始的。从20世纪70年代开始,安全环保风险管理一直是海外油气公司研究的重要内容,到80年代末90年代初,各种独立的石油管道风险管理理论研究和试验逐步得到了系统化发展,形成了较为系统的理论和方法。美国从20世纪70年代开始进行油气管道风险分析方面的研究工作,其中,1985年美国BattelleColumbus研究院发表了《风险调查指南》,在管道风险分析方面运用了评分法。1992年美国W. Kent Muhlbauer出版了专著《管道风险管理手册》,同年作为美国WKM咨询公司总裁W. Kent Muhlbauer在《管道风险管理手册》中更加详细论述了管道风险评价模型和各种评价方法,将风险因素作为了管道风险的评价指标,它是美国在前20年开展管道风险评价技术研究工作的成果总结,被世界各国普遍接受并采用。20世纪90年代初期美国的许多油气输送管道都采用了风险管理技术来指导线路维护工作,1992年联合国正式推出了《全球化学品统一分类和标签制度》(GHS),正式建立了一套单一的全球统一的处理化学品分类、标签和安全数据单,为危险化学品目录建设开创了先河。2000年3月,控制危险废物越境转移及处置巴塞尔公约秘书处发布了《巴塞尔公约框架下制定危险废物国家名录的方法指南》,该指南给出了危险废物的定义、分类、目录建设、管理职责和监督审核等内容,为风险目录建设奠定了坚实的理论基础。2000年10月,国际标准化组织又发布了《石油和天然气工业海上开采装置危险识别和风险评估用方法和技术导则》,专门指明该标准适用于管道输送企业,该套规范给出了危险识别、风险评估和风险管理方法和技术,并以全生命周期的形式给出各个阶段风险评估内容和危险检查清单。2008年德国人编著出版的《风险目录》使风险问题不仅在科学界,而且在经济学和政治学等其他领域都受到了更大的关注。2009年12月,国际标准化组织编制了ISO 31000《风险管理原则和方针》,它以风险注册表的形式对风险建立表单式管理提出了要求。许多国际石油大公司如荷兰皇家壳牌公司集团、杜邦公司等都建立了自己企业统一的风险目录。此外国外还有专门的风险管理公司和机构,它们提供长输管道工程项目勘察、设计、施工、运行、维护等一个方面或多个方面的风险管理咨询服务,如DNV(挪威船级社)、EGIG(欧洲天然气事故数据组织)等。

2003年1月,在国内,我国环境保护总局根据《环境影响评价法》颁布的《建设项目环境影响评价分类管理名录》(环境保护总局令第14号)为环境风险名录制度化管理开创了先河。2008年做了修订后更加完善。2003年2月,由原国家安全生产监督管理局根据《危险化学品管理条例》(国务院令第344号)和《危险化学品登记管理办法》(国家经贸委令35号)编制了《危险化学品名录》(2002版)。2010年,国家质量监督检验检疫总局根据《工业产品生产许可证管理条例》(国务院令440号)等规定颁布了《关于公布实行生产许可证制度管理的产品目录的公告》(质量监督检验检疫总局2010年90号公告)。2012年5月,国家安全生产监督管理总局颁布了《建设项目职业病危害风险分类管理目录》(2012年版)。其他还出版了如《危险化学品名录汇编》《有害化学品安全手册》《环境应急与典型案例》《危险化学品使用手册》《中国现有化学物质名录》《环境化学毒物防治手册》等与目录相近的文献。

2008年10月,中国石油天然气股份有限公司管道分公司编制的《长输管道工程建设项目风险管理指导手册》,较为完善地给出了管道建设项目设计与施工两个阶段的风险识别与管理内容,但尚未形成目录。2010年,中国石油天然气与管道分公司开始将风险目录的建设提到日程安排,组织中国石油天然气集团公司勘探开发分公司下属的西南油气田分公司安全环保与技术监督研究院开始做风险目录编制技术的方法论研究。2012年,中国石油天然气与管道分公司研发的《天然气与管道业务风险目录》(2012版),给出了管道建设项目全生命周期风险识别的理念、方法和分类原则,是国内石油行业首家开展该类方法研究的组织。迄今为止,国内长输管道风险管理研究已经取得了一定的成果,如中国石油已完成了健康安全环境管理体系、长输油气管道完整性管理体系、管道风险评价体系、自然与地质灾害风险评价体系、管道第三方破坏风险评价体系、油气管道失效数据库等一系列研究成果和软件平台,并在实际中得到了广泛应用,以上这些工作的开展,对提高我国油气管道风险评价技术水平起着非常重要的推动作用,但国内在油气管道全生命周期风险识别方面没有统一的执行标准,对风险评级没有统一的方法,与国际石油大公司风险管理存在着差距。

国际国内危险化学品管理相关目录建设及国内相关目录建设情况见表1-1及表1-2。

表 1–1　国际国内危险化学品管理法规表

年份	国际	美国	中国
1938		1938《食品、药物和化妆品法》	
1954	1954《关于危险品运输问题的提案》		
1955		1955《联邦环境污染控制法》	
1956	1956《关于危险货物运输的建议书·规章范本》（桔皮书）（多次修改）		
1965	1965《国际海运危险货物规则》（现在最新版为 2008 版）		
1970		1970《职业安全卫生法》；1970《有害物质包装危害预防法》（2003 年法令）及其修正案（AB2021，2004 年法令）	
1972		1972《消费产品安全法》	
1975		1975《危险物品运输法》	
1976		1976《有毒物质控制法》1976《资源保护和回收法》	
1978			
1980			
1982			
1987			1987《化学危险物品安全管理条例》
1992	1992《控制危险废物越境转移及其处置的巴塞尔公约》；1992《21 世纪行动议程》	1992《高度危害化学品处理过程的安全管理》	1992《化学危险物品安全管理条例实施细则》
1994			1994《化学事故应急救援管理办法》
1996			1996《关于组建"化学事故应急救援系统"的通知》；1996《工作场所安全使用化学品规定》

续表

年份	国际	美国	中国
1998	1998《关于在国际贸易中对某些危险化学品和农药采用事先知情同意程序的公约》		1998《国家危险废物名录》
1999			1999《关于开展危险化学品登记注册工作的通知》
2000			2000《危险化学品登记注册管理规定》
2002			2002《危险化学品安全管理条例》；2002《中华人民共和国安全生产法》；2002《危险化学品包装物、容器定点生产管理办法》
2003	2003年《国际铁路运输危险货物技术规则》；2003年《国际公路运输危险货物协定》；2003年《国际内河运输危险货物协定》		
2005			2005《危险货物品名表》《危险货物分类和品名编号》
2006	2006国际化学品管理战略方针		2006《关于在有毒化学品进出口环境管理登记过程的违规行为的公告》；2006《关于修订中国严格限制进出口有毒化学品目录的公告》
2009			2009《关于发布中国严格限制进出口的有毒化学品目录》
2012			2012《危险化学品登记管理办法》；2012《危险化学品经营许可证管理办法》
2013	《危险物品安全航空运输技术细则》		

表 1–2　国家环境法规及危险物质管理名录表

序号	最初发布年月	法律法规	名录举例
1	2001 年 10 月	《中华人民共和国职业病防治法》	2012 年 5 月《建设项目职业病危害风险分类管理目录》
			2013 年 12 月《职业病分类和名录》
2	2002 年 1 月	《危险化学品安全管理条例》	2015 年 2 月《危险化学品目录》
3	2002 年 10 月	《中华人民共和国环境影响评价法》	2008 年 10 月《建设项目影响评价分类管理名录》
4	2005 年 4 月	《中华人民共和国固体废物污染环境防治法》	1998 年《国家危险废物名录》
5		其他	2006 年 3 月《环境应急与典型案例》
			2004 年 2 月《环境化学毒物防治手册》
			2013 年 1 月《中国现有化学物质名录》
			2009 年 2 月《国家污染物环境健康风险名录》化学第 1 分册；
			2011 年 8 月《国家污染物环境健康风险名录》化学第 2 分册；
			2012 年 9 月《国家污染物环境健康风险名录》物理分册

二、风险信息库

风险信息库是指存储大量风险数据、信息文档的资料库，是风险系统分析人员、系统设计人员、系统构造人员和系统运行管理人员保存在与一个或者多个系统或项目有关的文档、知识和产品的地方。风险目录就是存储风险数据和信息文档的具体体现。

在"充分识别风险、准确评估风险"的原则指导下，最全面汇总来自规划、设计、施工、运行、管理、报废和处置等部门的安全环保风险信息，经过专家和研究人员的深入研究分析之后"以静态风险分析、量化风险评估、动态风险管理"等形式进入风险目录，使安全环保风险目录成为以最专业的安全环保风险团队、最顺畅的安全环保风险信息采集渠道、最丰富的安全环保风险信息储备、最全面的风险信息存储的地方。

无论是物理风险、管理风险还是操作风险，这些风险的发生往往是信息缺失，不对称、不充分、不及时直接或间接造成的。"健全风险识别和评估体系，借鉴国际先进经验，并运用现代科技手段，逐步建立覆盖所有业务风险的监控、评价和预警系统，并进行持续的监控和定期评估，对安全环保风险做到充分识别、准确评估。"这不仅是监管层的要求，也是各个企业健康安全环境发展的需要，是因为：

（1）充分识别安全环保风险是准确评估安全环保风险和有效防控安全环保风险的前提。

（2）完整有效的安全环保风险内控制度和机制，只是防控安全环保风险的基础，是"硬件"。要真正做到防控安全环保风险，需要安全环保风险防控人员最大限度地掌握安全环保风险信息这个"软件"，做到"充分识别、准确评估、快速反应"。

（3）虽然现在各个企业为了充分采集安全环保风险信息做了大量的工作，各级监管机构与企业风险管理组织也在大量地发布安全环保风险信息，但是这些信息还是有局限性的。我们仍然需要各行各业的专家提供可能被我们忽视的安全环保风险信息。

三、风险与风险目录建设

通过风险目录建设，形成一套统一的风险目录建立方法，可大大提高各层级人员的风险辨识能力，使输油气系统的各类风险全方位无遗漏地呈现出来，为实现对管道生命周期各阶段的风险从源头控制提供了可能性。对风险目录应用的研究，确定了风险管理在管线全生命周期的具体位置，深入指导了各个阶段的决策人员、管理人员、操作人员更好地管控风险，弥补了油气储运企业现有的风险管控系统的不足，巩固了油气储运企业的风险管控能力，使油气储运企业的风险控制在管理者容许的范围之内，提高企业的整体经济效益、社会效益和整体形象。

第二节　风险目录相关理论

风险目录是关于油气管道系统所有风险信息的汇编，记录着系统从开发设计到老化终结的全生命周期的风险信息，由于生命周期的每一个阶段所面临的危害因素不同，形成的风险就不同，因而理解生命周期、生命周期阶段划分等是实现风险过程控制的基础。

一、生命周期

生命周期评价是一种评价产品整个生命周期（即从摇篮到坟墓）的环境影响和资源消耗的方法。生命周期评价最初是在物质和能量流分析的基础上发展而来的。世界上的第一个生命周期评价的案例是1969年美国中西部研究所（MRI）对可口可乐的饮料瓶进行的从最初的原材料采掘到最终的废弃物处理的全过程跟踪和定量分析，这是公认的生命周期评价研究开始的标志，也给目前的生命周期清单分析方法确定了基础。

20世纪70年代早期，美国和欧洲的其他一些公司也完成了类似的生命周期清单分析。这种把产品资源利用和环境排放量化的过程逐渐被认为是"资源和环境纲要分析（Resource and Environmental Profile Analysis，REPA）"，在美国已经得到实践证实。这种过程在欧洲被称为生态平衡（Ecobalance）。

20世纪70年代到80年代，生命周期评价还仅在很小的范围内展开，而且评价考虑的因素很少。到了80年代以后，欧美从事工艺研究和环境评价的一些大学和顾问公司发展了生命周期评价这一方法，把"物质能量流平衡方法"引入到工业产品整个寿命周期的分析中,以考察工艺过程的各个环节,即原料的开掘、制造、运输与分发、使用、循环使用,直至废弃的整个过程对环境的综合影响,并逐渐在企业中得到了应用,但由于方法的不规范,以致评价的结果很难达成一致,所以并没有广泛地展开。20世纪90年代以后,国际环境毒理学和化学学会组织(SETAC)在有关生命周期评价的国际研讨会上首次提出了"生命周期评价(Life Cycle Assessment,LCA)"的概念。

经过20多年的实践,在国际环境毒理学和化学学会组织以及国际标准化组织(ISO)的共同努力下,生命周期评价方法论的国际标准化取得了重要进展,于1997—2000年相继推出了ISO 14040~ISO 14043等相关标准,形成了关于生命周期理论的系统标准。

(一)生命周期定义

按照GB/T 24040《环境管理 生命周期评价 原则与框架》,生命周期定义为"产品系统中前后衔接的一系列阶段,从自然界或从自然资源中获取原材料,直至最终处置。"GB/T 26119《绿色制造机械产品生命周期评价总则》中则定义生命周期为"机械产品从原材料的获取,到产品的设计、生产、包装、运输、使用、回收利用,直至最终处置的全过程。"从以上这两个定义出发,项目的生命周期定义为"描述项目从开始到结束所经历的各个阶段,直至最终处置的全过程。"

结合GB/T 24040《环境管理 生命周期评价 原则与框架》,生命周期相关定义如下:

生命周期评价(LCA):对一个产品系统的生命周期输入、输出及其潜在安全环境影响的汇编和评价。

生命周期清单分析(LCI):生命周期评价中对所研究产品系统这个生命周期中输入和输出进行汇编和量化的阶段。

生命周期影响评价(LCIA):生命周期评价中理解和评价产品系统这个生命周期中的潜在安全环境影响大小和重要性的阶段。

生命周期解释:生命周期评价中根据规定的目的和范围的要求对清单分析和(或)影响评价的结果进行评估以形成结论和建议的阶段。

敏感分析:用来估计所选用方法和数据对研究结果影响的系统化程序。

不确定分析:用来量化由于模型的不准确性、输入的不确定性和数据变动的累积而给生命周期清单分析结果带来的不确定性的系统化程序。

(二)生命周期评价

1. 生命周期评价的定义

目前,生命周期评价的定义有很多种提法,政府、企业和一些机构站在各自的立场对它都有一番描述,如:

(1)美国环境保护局(EPA)的定义:对自最初从地球中获得原材料开始,到最终所有的残留物质返归地球结束的任何一种产品或人类活动所带来的污染物排放及其环境影响进行估测的方法。

（2）国际环境毒理学和化学学会（SETAC）的定义：是一个评价与产品、工艺或行动相关的环境负荷的客观过程，它通过识别和量化能源与材料使用和环境排放，评价这些能源与材料使用和环境排放的影响，并评估和实施影响环境改善的机会。该评价涉及产品、工艺或活动的整个生命周期，包括原材料提取和加工，生产、运输和分配，使用、再使用和维护，再循环以及最终处置。

（3）国际标准化组织（ISO 14040：2006 GB/T 24040—2008）：对在一个产品系统的生命中输入、输出及其潜在环境影响的汇编和评价。

（4）联合国环境规划署（UNEP）的定义：是评价一个产品系统生命整个阶段——从原材料的提取和加工，到产品生产、包装、市场营销、使用、再使用和产品维护，直至再循环和最终废物处置的环境影响的工具。

2. 生命周期评价的基本框架

根据 GB/T 24040 所定义的生命周期评价技术框架，生命周期评价（LCA）的评价过程包括 4 个有机联系的部分：目的与范围的确定（Goal and Scope Definition）、生命周期清单分析（Life Cycle Inventory Analysis）、生命周期影响评价（Life Cycle Impact Assessment）和生命周期解释（Life Cycle Interpretation）。

1）目的与范围的确定

目的与范围的确定是生命周期评价的第一个环节，其重要性在于它将决定所进行生命周期评价的目的以及阐述所要研究对象的系数和数据形式。它是生命周期评价的出发点和立足点，影响着研究方向的广度和深度。

生命周期评价的目的应根据研究的具体对象来确定，应明确阐述其使用意图、开展研究的理由及它的使用对象。研究的目标分为三类：观念的、初步的和完全的产品生命周期评价。

（1）观念的产品生命周期评价用于解决产品—环境系统的基本问题，主要向消费者描述环境标志产品应有的品质。

（2）初步的产品生命周期评价为半定量或定量地确定产品存在的主要环境问题，为产品的设计、开发及企业内部环境管理服务，也可用于政府部门的有关环境的决策研究。

（3）完全的产品生命周期评价则需要大量数据来支持产品环境体系的全面评价，用于环境标志的认证、企业的外部宣传和政府的法规制定。

研究范围的界定主要是为了保证研究的广度和深度与要求的目标相一致，主要有功能单位、系统边界、环境影响类型、假定条件、系统条件等。这些工作虽因研究目的的不同会产生很大的变化，没有一个标准的模式可以套用，但必须要反映出资料收集了影响分析的根本方向。另外，生命周期评价（LCA）研究是一个反复的过程，根据收集到的数据和信息，可能要修正最初设定的范围来满足研究的目标。

2）生命周期清单分析

生命周期清单分析是生命周期评价基本数据的一种表达，是进行生命周期影响评价的基础。生命周期清单分析包括数据的收集和计算程序。它是对生命周期全过程的物质流和能量流进行汇编和量化的过程。在所确定的系统中，针对每个单元过程，建立基于功能单位的输入输出系统清单。在产品系统的每个子系统内，物质和能量都要遵循物质和能量守恒定律。清单分析既是生命周期评价（LCA）中影响评价的基础，又可直接用于指导实践。清单分析开始于原材料采购直到产品的最终消费和处置。

3）生命周期影响评价

生命周期影响评价是在完成目标确定及清单分析的基础上进行的，是将生命周期评价得到的各种排放物对现实环境影响进行定性定量的评价，这是生命周期评价最重要的阶段，也是最困难的阶段。到目前为止，还缺乏公认的科学方法。影响评价是对清单阶段所识别的环境影响压力进行定量或定性的表征评价，即确定产品系统的物质、能源交换对其外部环境的影响。国际标准化组织（ISO）、国际环境毒理学与化学学会（SETAC）以及美国环境保护局（EPA）都倾向于把影响评价定义为一个"三步走"的模型，这三步是：分类、特征化和量化。

分类是一个将清单分析的结果划分到不同影响类型的过程。由于清单分析的结果，即与产品和产品系统相联系的环境交换（输出和输入）因子之间常常存在复杂的因果链关系，因此对生态系统和人体造成的环境影响也常常难以归为某一因子的单独作用。不同环境影响类型受不同环境干扰因子影响，同一干扰因子可能会对不同的环境影响都有贡献，如氮氧化物，同时对酸化和富营养化都有影响。由于环境影响所造成的最终结果可能和环境干扰的强度及人类关注的程度有关，因此分类阶段的一个重要假设条件是：环境干扰因子和环境影响类型存在一种线性关系，这在某种程度上是对研究过程的一种简化。

特征化的目的是将每一个影响类别中的不同物质转化和汇总成为统一的影响单元。特征化的意义在于，选择一种衡量影响的方式，透过特定评估工具的应用，将不同的负荷或排放因子在各环境形态问题中的潜在影响加以分析，并量化成相同的形态或是同单位的大小。

量化是确定不同环境影响类型的相对贡献大小或权重系数，以求得到总的影响水平的过程。经过特征化之后，得到的是单项环境问题类别的影响总值，评价则是将这些不同的各类别环境影响主体给予相对的权重，以得到整合性的影响指标，并能对各种环境影响类型贡献进行对比，使决策者在决策的过程中，能够完善地捕捉及衡量全部的影响因素。

4）生命周期解释

生命周期解释是从前三个阶段中的一个或几个得出结论，提出建议。它是一个系统的过程，可以对结果信息进行识别、判定、检查和评价，并对此加以一定的表述，以满足评价目的和范围所规定的应用要求。

理想化的解释是在前三个步骤完成之后进行的，表现为两种形式：事前性的环境设计（DFE）和事后性的污染控制，范围确定和清单分析阶段的有些有价值的行为也可在此阶段发挥作用,这是生命周期评价(LCA)的最终目的。

根据 GB/T 24043《环境管理 生命周期评价 生命周期解释》,生命周期解释主要由以下 3 个要素组成。

(1)基于生命周期评价中清单分析和影响评价得出的结果识别重要问题。

(2)评估,包含完整性、敏感性和一致性检测。

(3)形成结论、提出建议并报告。

生命周期评价的基本方法主要是指生命周期评价第三个阶段即影响评价的评价方法,这也是目前生命周期评价研究的一个热点、难点,目前正处于探索阶段。对于上文提到的影响评价"三步走"中的分类和特征化存在的分歧不大,而主要的分歧是针对量化来展开的,这也是目前研究的重点和开发对象。对于现阶段,主要有两种观点:环境影响评价是一个涉及政治、经济、社会等诸多因素的主观评价过程,可通过确定各环境影响因子相对重要性的大小(即确定权重),将总的影响表达为一个定量的数值。由于权重的确定是一个主观的过程,对于相同的研究系统,不同的评价者可能得出不同的甚至截然相反的结论,从而大大影响评价结果的可信性。另一种观点认为,为了得到一个客观的评价结果,应尽量避免主观权重的使用或者用客观的单位来对环境影响进行表征。针对所获得数据的特性,同时针对上述两种量化的观点,可以把生命周期评价方法分为下面三类:

(1)基于确定数据的生命周期评价方法。

(2)基于不确定数据的生命周期评价方法。

(3)基于不完全数据的生命周期评价方法。

其中的(1)基于确定数据的生命周期评价方法,是目前普遍采用的一种影响评价方法,基本上可分为两步:①采用当量因子法,对各种环境干扰因子进行标准化;②采用目标距离原则,即用当前环境效应水平与要求达到的目标水平之间的距离,确定某种环境类型的重要程度即确定权重。

在生命周期评价中,应注重以下三种技术的应用:

(1)完整性检查。

(2)敏感性检查。

(3)一致性检查。

对于完整性检查,要确保所需的所有信息和数据已经获得,且是完整的,如果某些信息缺失或不完整,则必须考虑这些信息对满足生命周期评价(LCA)或生命周期清单分析(LCI)研究目的和范围的必要性。如果认为某个信息是不必要的,则应记录理由,然后才能继续进行评估。如果某些缺失信息对于确定重大问题是必要的,则应重新检查前面的阶段(生命周期清单分析、生命周期影响评价),或对目的和范围加以调整。必须记录这一发现及其理由。

对于敏感性检查,要通过确定最终结果和结论是否受到数据、分配方法或类型参数结果的计算等的不确定性的影响,来评价其可靠性。如果在生命周期清单分析和生命周期影响评价阶段已做了敏感性分析和不确定性分析,则该评价应包括这些分析的结果,此外还需说明进一步敏感性分析的必要性。敏感性检查所要求的详细程度主要取决于清单分析的发现,如果进行了影响评价,则还取决于影响评价的发现。

敏感性检查必须考虑以下因素：

(1)生命周期评价或生命周期清单分析研究目的和范围中预先确定的问题。

(2)生命周期评价所有其他阶段或生命周期清单分析研究形成的结果。

(3)专家判断和经验。

以上敏感性检查的结果确认了进行更广泛和(或)更精确的敏感性分析的必要,以及对研究结果的明显影响。敏感性检查未发现不同研究之间的重大区别,并不意味着这种区别一定不存在,只是由于所使用的数据和方法的不确定性,使这一区别未能被识别或量化。没有任何重大区别也可能是研究的最终结果。当生命周期评价是用于支持向外界公开的对比论断时,评估应包括基于敏感性分析所做的解释性声明。

对于一致性检查,主要是确认假定、方法和数据是否与目的和范围的要求相一致。如果与生命周期评价或生命周期清单分析研究有关,或要求作为目的和范围确定的一部分内容,则以下问题也应予以考虑：

(1)同一产品系统生命周期中以及不同产品系统间数据质量的差别是否与研究的目的和范围相一致?

(2)是否一致地应用了地域的和(或)时间的差别(如果存在)?

(3)所有的产品系统是否都应用了一致的分配规则和系统边界?

(4)所应用的各影响评价要素是否一致?

(三)生命周期解释

1. 生命周期解释的目的

生命周期解释的目的是根据生命周期评价前几个阶段或生命周期清单分析研究的发现,以透明的方式来分析结果、形成结论、解释局限性、提出建议并报告生命周期解释的结果。

生命周期解释还根据研究目的和范围提供关于生命周期评价或生命周期清单分析研究结果的易于理解的、完整的和一致的说明。

2. 生命周期解释的主要特点

生命周期解释的主要特点是：

(1)基于生命周期评价或生命周期清单分析研究的发现,运用系统化的程序进行识别、判定、检查、评价和提出结论,以满足研究目的和范围中所规定的应用要求。

(2)在解释阶段内部和生命周期评价的其他阶段或生命周期清单分析研究间都应用一个反复的程序。

（3）就确定的目的和范围,针对生命周期评价或生命周期清单分析研究的长处和局限来说明生命周期评价和其他环境管理技术之间的联系。

3. 生命周期解释的要素

生命周期评价或生命周期清单分析研究中的生命周期解释阶段由以下三个要素组成,如图1-2所示。

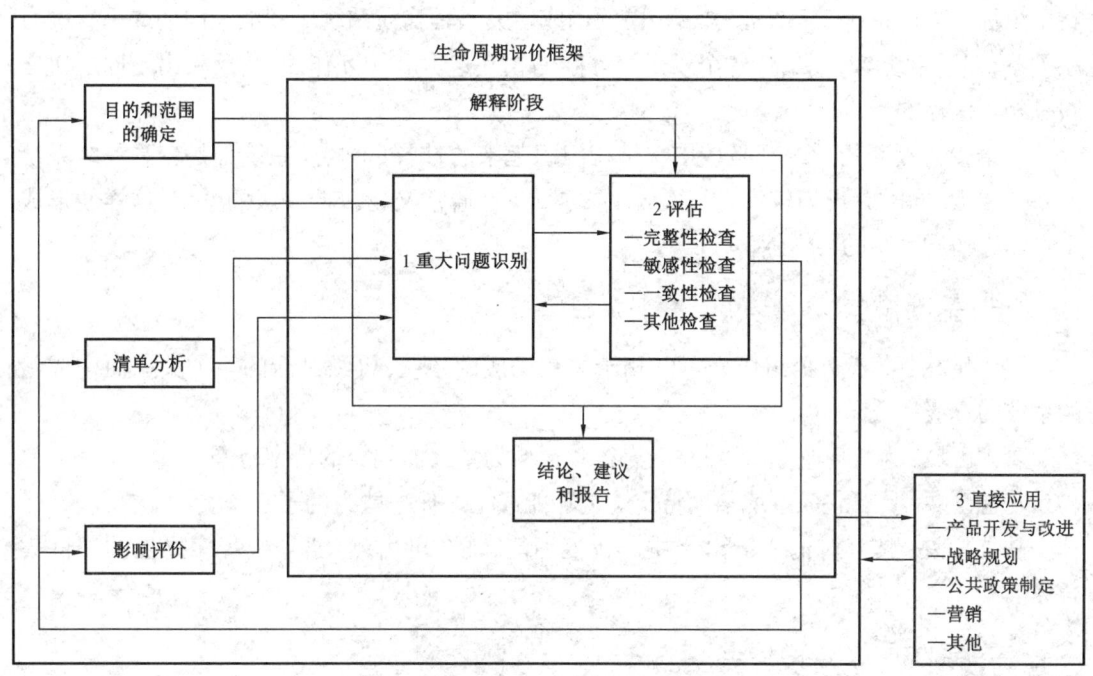

图1-2 生命周期评价解释阶段的要素与其他阶段之间的关系

（1）基于生命周期评价中生命周期清单分析和生命周期影响评价阶段的结果识别重大问题。

（2）评估,包括完整性、敏感性和一致性检查。

（3）结论、建议和报告。

4. 与生命周期评价其他阶段之间的关系

图1-2描述了生命周期解释与生命周期评价其他阶段之间的关系。

生命周期评价中的目的与范围的确定和解释阶段构成了生命周期评价研究的框架,而其他阶段(生命周期清单分析和生命周期影响评价)则提供了有关产品系统的信息。

二、系统层级结构

通常,人们将客观事物运动内容的秩序称为层次。客观事物的内部结构总是按其质的时空容量而依次地排列着。由于系统所反映的对象,正是客观事物运动的现象、本质及其规律。因此使系统本身也沦为客观事物中的一部分。所以,系统也是存在着相应的层次结构规律的。

系统的层次结构规律,主要表现在以下三个方面:首先是系统发展的纵向层次结构规律;其次是系统发展的横向层次结构规律;再次就是系统本身的层次结构规律。

系统层次结构的特征为:若干要素经相互作用构成的系统,再通过新的相互作用而构成新系统的逐级构成的结构关系。在这种关系中,参与构成的系统称为低层系统,构成后的新系统称为高层系统。系统层次结构中的构成性关系是物质系统之间的纵向的或垂直的有序关系,即子系统与母系统、各个子系统之间的相互包含和相互作用,它反映出不同层次之间是相互依存的。

一个较为复杂的系统都是按层次结构组织起来的,即每个物质系统都是较高一级系统的一个要素,同时它作为较高一级系统的要素本身,通常又是较低一级的系统,这样便形成了自然界物质系统的层次性。

(一)基础概念

层级结构:指若干个组成元素经相干关系构成的系统,再经过新的相干关系而构成新的系统的逐级构成结构关系。

管理区域:为实现企业管理目标,以行政区域为单元而划分的特定范围。

功能区块:具有完成系统某项特定工艺功能或工序任务能力的子系统。

功能模块:具有对输入输出介质进行处理能力的,可由人、机器或程序操控的硬件集合体。

(二)系统层级结构特点

(1)由下而上逐级构成。被选择的最低层子系统一级一级构成高一级系统。低级系统是高一级系统的构成部分,高一级系统以低一级系统为基础,从每一层级来看,构成它的子系统是其结构元素,它所构成的上一级是其存在条件。

(2)层级结构是层层相干、层层有新物质突现的结构。每一层级的各子系统之间存在相干性关系,由此导致层级性差异。相干性使处于同一层级之间的子系统相互限制、相互协同,也使它们的上一层成为可分性的有机体。而且,上一层总比下一层更为简约,是下一层功能和属性的概括,为低层进入高层活动开始创造条件。

(三)系统分区原则

评价系统分区的划分是为系统危险有害因素辨识服务的,通过将辨识对象按系统功能属性划分为若干个子系统,便于辨识工作的进行,有利于提高辨识工作的准确性。

评价系统分区的划分,一般将生产工艺、工艺装置、物料的特点和特征与危险有害因素的类别、分布有机结合进行划分,还可以按评价的需要将一个评价系统再划分为若干子评价系统或更细致的系统。由于很难用明确通用的"规则"来规范系统的划分方法,因此会出现不同的评价人员对同一个评价对象划分出不同的评价系统的现象。由于评价目标不同、各评价方法均有自身特点,只要达到评价的目的,评价系统的划分并不要求绝对一致。

常用的系统分区划分原则和方法如下:

(1)按行业特征划分。

(2)按布置的相对独立性划分。

(3)按生产类型或介质类型划分。

(4)按装置工艺作用划分。

(5)按工艺条件划分。

(6)按作业条件划分。

(7)按物质特性划分,根据贮存、处理危险物品的潜在化学能、毒性和危险物品的数量划分。

(8)按事故特征划分,根据以往事故资料,将发生事故能导致停产、波及范围大、造成巨大损失和伤害的关键设备作为一个系统,将危险性大且资金密度大的区域作为一个系统,将危险性特别大的区域、装置作为一个系统;将具有类似危险性潜能的系统合并为一个大系统。

(四)系统层级分级原则

根据美国《工作分解结构实施标准》第2版相关原理,系统层级分级原则:

(1)系统分解的层次取决于分解对象的规模和复杂程度,最底层以可由个人或独立团体执行为宜;注意,不是每个子系统都需要同样的划分层级。

(2)下一级子系统组成部分是上一级特定功能系统组成部分的全部,下一级子系统与上一级特定功能系统之间有因果关系。

(3)同层次的子系统包括四个方面:人(操作行为和管理行为)、硬件(设备设施、管道、阀门等)、软件(管理、文件、程序等)和无形事项,如信息、交流、集成、培训、过程管理、评价等。

(4)每个子系统是具有完成上级系统特定任务或功能的完整的整体,其整体内部各元素之间是一个有机联系的整体。

第三节　风险目录相关方法

一、过程管理方法

(一)方法简介

过程的任务在于将输入转化为输出,转化的条件是资源,通常包括人、机、料、法、环及检测。增值是对过程的期望,为了获得稳定和最大化的增值,组织应当对过程进行策划,建立过程绩效测量指标和过程控制方法,并持续改进和创新。

GB/T 19001《质量管理体系要求》倡导在建立、实施质量管理体系以及提高其有效性时采用过程方法,通过满足管理要求增强管理标准。采用过程方法将相互关联的过程作为一个体系加以理解和管理,有助于组织有效和高效地实现其预期结果。这种方法使组织能够对其体系的过程之间相互关联和相互依赖的关系进行有效控制,以提高组织整体绩效。

(二)过程管理方法特征

过程管理方法是将系统中单一过程、过程组合和它们之间的相互关系运用过程的概念去识别、应用、控制的方法。图1-3为过程管理方法管理原则实现模式图。

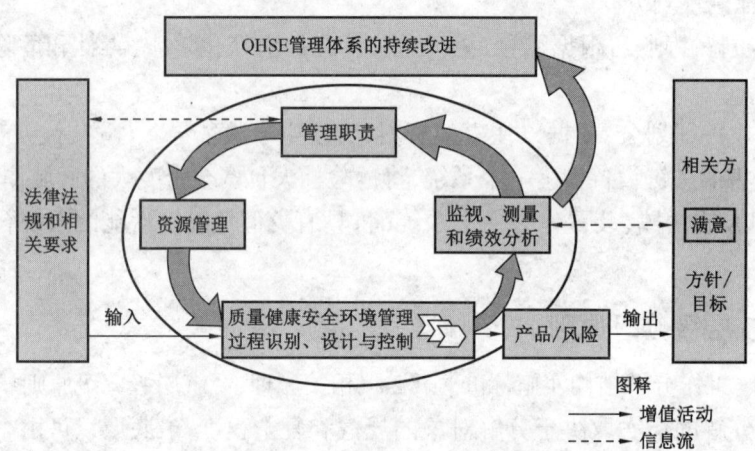

图1-3 过程管理方法管理原则实现模式图

过程方法包括按照组织的QHSE方针和战略方向,对各过程及其相互作用进行系统的规定和管理,从而实现预期结果。可通过采用PDCA循环以及始终基于风险的思维对过程和整个体系进行管理,旨在有效利用机遇并防止发生不良结果。

过程管理方法的特征主要表述为:

一个过程可以通过一连串独立的、相互协调的特性识别出来。对其有效实施质量管理,过程管理有以下六个特征:

(1)一个过程所有者存在;
(2)这个过程被定义;
(3)这个过程被文件化;
(4)过程之间的连接被建立;
(5)这个过程被监控和改进;
(6)记录并维持。

在HSE管理体系中应用过程方法能够:

(1)理解并持续满足控制要求;
(2)从风险的角度考虑过程;

（3）获得有效的过程绩效；
（4）在评价数据和信息的基础上改进过程。

二、系统功能展开法

（一）方法简介

系统功能展开法是借鉴质量功能展开法、HAZOP 分析法、工作分解结构法、PHA 分析法、FMEA 分析法、引导词询问法、检查表法、鱼骨图法、关联图法、头脑风暴法、风险矩阵作用关系法、SIL 分析法等方法的原理和方法而集成的系统风险辨识方法。其中，质量功能展开法主要应用于系统质量管理实践，该方法在实践过程中通过对问题和顾客需求的不断调查，准确查找了质量问题并使各相关部门得以有效协调，极大限度地满足了质量管理的需求。工作分解结构法主要应用于项目管理实践，该方法通过对项目任务与工作的层层分解，理清项目任务和工作之间的联系，为项目提供进度安排、管理要点和任务包等的设计依据，防止项目任务分解漏项，查找深层次管理问题提供手段。

系统功能展开法按照系统排列组合结构，依据管理组织、系统设计或现场布置等结构、要素、工序层次以及功能模块、组件之间相互关系和作用进行逐层分解的方法，所分解出的子系统能完成某一项专门功能。如管理、活动、过程、阶段、产品、项目、工作、工艺等都可以作为一个被辨识对象的专门系统。在对特定辨识对象进行功能展开时，仍可以结合一些特定辨识对象特有的展开方法。如对项目进行展开式分解时，可以按项目生命周期进行分解；对工艺系统进行展开式分解时，可以按生产流程进行分解等。系统功能展开的目的在于满足足够细的分解项目，可以应用具体分解项目所对应的管理标准、技术标准和工作标准以及一些现场管理经验、惯例等来进行评审，以找出偏差、缺陷、故障、隐患等。

系统功能展开法侧重于对整个辨识对象功能分层有序的逐步展开，分解的层次从管理区域、功能区块、功能模块、功能组件、组件机构等自上而下逐级不漏项地分解直至最小单元。

该方法的应用将更能把与生产管理系统相对应的安全管理系统分解到风险管理所需的分析要素，为实现安全系统风险辨识提供了一套系统实用的辨识方法。

（二）功能展开原则

1. 功能区块划分原则

功能区块是具有完成系统某项特定工艺功能或工序任务能力的子系统。是具有介质输入、处理和输出功能的结构体。该模块将产生物质流、信息流，转化（处理）机理根据物质流、信息流的工艺原理、管理程序实现（SY/T 6635—2005《管道系统组件检验推荐作法》）。功能区块模型示意图如图 1-4 所示。

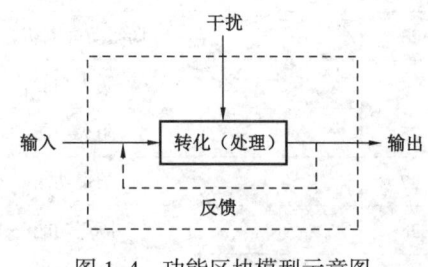

图 1-4　功能区块模型示意图

2. 油气长输系统常见功能

油气长输管道站场系统功能统计表见表1-3。

表1-3 油气长输管道站场系统功能统计表

序号	功能	安全功能组件
1	净化功能（除尘、脱水、去杂质）	液位计、液位报警仪
2	调压功能	调压阀、安全阀
3	过滤功能	差压变送器
4	计量功能	
5	分输功能	
6	加热功能	可燃气体报警仪
7	换热功能	
8	隔热功能	
9	冷却功能	
10	排污功能	
11	增压功能	
12	调压功能	
13	紧急关断功能	
14	预先泄压功能	
15	放空泄压功能	
16	开关功能	
17	储集功能	
18	气质（油品）在线监测功能	
19	清管通球功能	
20	水处理功能	
21	废气处理功能	
22	自控功能	
23	防雷防静电功能	
24	防火功能	
25	阻火功能	
27	防爆功能	
28	隔爆功能	
29	防振功能	

续表

序号	功能	安全功能组件
30	减震功能	
31	防腐功能	
32	绝缘功能	
33	电击保护功能	
34	漏电防护功能	
35	电气过载保护功能	
36	欠电压保护功能	
37	熔断功能	
38	热效应保护功能	
39	连锁功能	
40	互锁功能	
41	闭锁功能	
42	限速功能	
43	限位功能	
44	行程限制功能	
45	限压功能	
46	止逆功能	
47	负荷限制功能	
48	降噪功能	
49	预警功能	
50	泄漏检测功能	
51	渗漏检测功能	
52	感烟功能	
53	感温功能	
54	报警功能	
55	指示功能	
56	隔离功能	
57	屏蔽功能	
58	消防功能	
59	应急功能	

续表

序号	功能	安全功能组件
60	避难功能	
61	防坠落功能	
62	供电功能	
63	供热功能	
64	通风功能	
65	照明功能	
66	数据采集功能	
67	遥控功能	
68	通讯功能	
69	视频功能	

3. 油气集输系统功能展开原则

油气集输系统的功能展开要依据油气管道、站场的相关规范中关于功能的属性、用途、任务的原则进行。

（三）功能展开操作步骤

系统功能划分与展开法实施的步骤为：

（1）确定系统展开对象。

（2）依据系统分区划分原则和功能展开原则进行系统划分。如以生产站队为分解对象时，以生产类型或传播介质和工艺任务划分第一层，依次进行第二层分解时则以传播介质处理工艺作用和功能任务两个原则进行划分，往下层级以此类推。

（3）依据功能区块实施功能模块展开式分解。功能模块以完成功能区块某项任务为目的，由管线、阀门和特定设备设施组成。

（4）依据功能模块实施功能组件展开式分解。功能组件以完成功能模块某项任务为目的，由特定设备设施的特定组件组成。

（5）依据功能组件实施组件机构展开式分解。

图1-5就是采用自上而下法编制的一个站队级生产功能展开法展开的分解结果图。首先选定分解对象生产站队，弄清生产站队与工艺有关的技术功能区块，根据功能区块的构成，对调控区块的硬件模块进行识别，找出调控区块的硬件模块有进站模块、分离模块、整流模块等模块构成，而其中的进站模块又包含有进站电动阀门、越站旁通等进行进站调节的功能组件，其中的功能组件进站电动阀门又包含有电动阀气液联动装置、电动阀驱动装置和电动阀关断子系统等，电动阀气液联动装置则由摆缸、提升阀气路控制块、手动泵装置等机构零件组成。只有通过组成的分解，找到系统中的各类组件、机构、模块容易出现的材料问

题、协调动作问题,以及可能产生的故障、隐患等,为查找危险有害因素提供最基础的依据,完成危害因素辨识的任务。

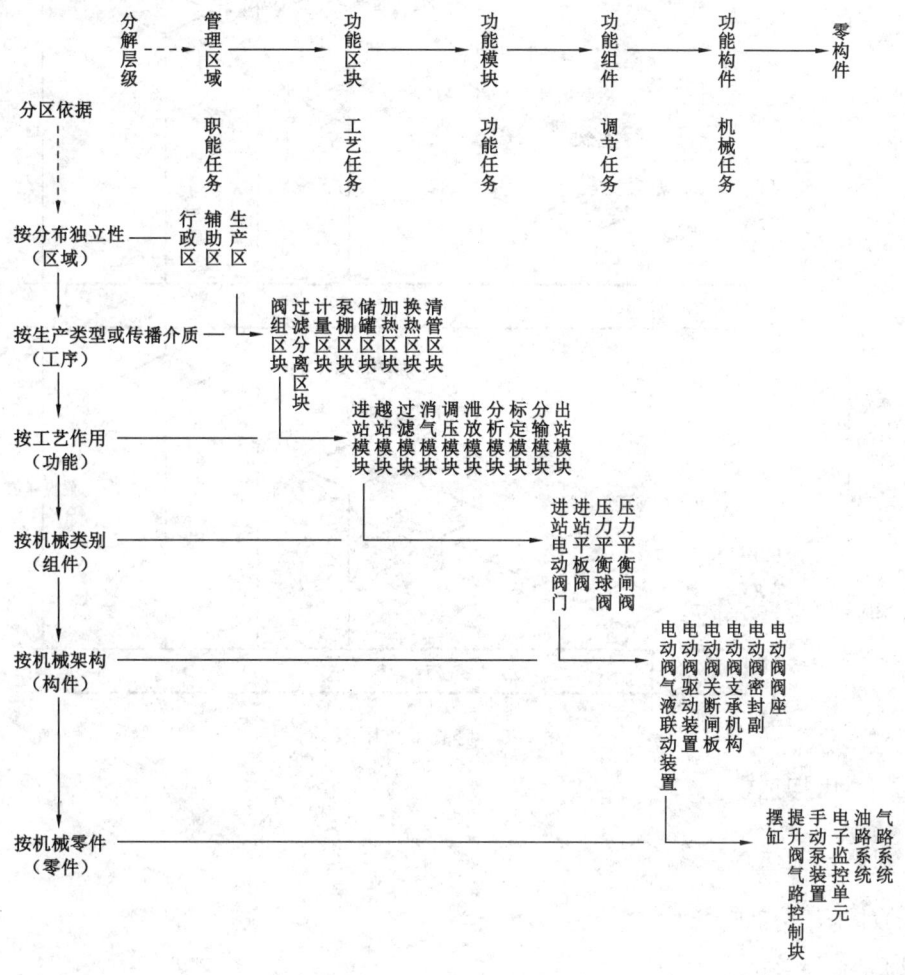

图 1-5　功能展开分解模型图

三、引导词询问法

引导词询问法目前主要用于对装置的安全性和操作性进行设计审查,通过使用一系列引导词来发现参数偏离的传统分析方法。

(一)方法原理

根据煤炭工业出版社 2002 年出版的《安全学原理》,在进行风险评价时,要注重研究机械的运行情况和环境状况;人的特性状况和人对系统危险信号的感知、认识和响应能力;机械与人的特性是否相容配;人的响应时间是否与机械系统允许的响应时间相容等。引导词的设计方法要与瑟利事故模型、劳伦斯事故模型、安德森事故模型和海尔事故模型相结合,如图 1-6 至图 1-9 所示。

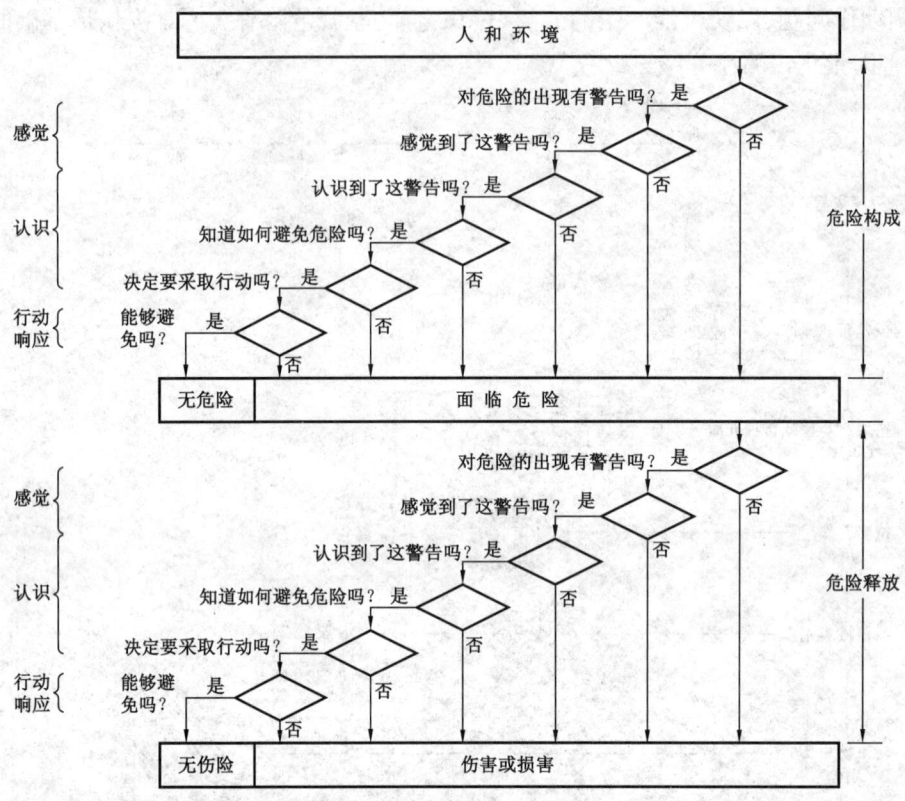

图 1-6 瑟利事故模型

(二)询问方式

1. 判断式询问

(1)能给予帮助吗?

(2)是否能够符合定义吗?

(3)符合规范要求吗?

2. 开放式询问

(1)感觉怎么样?

(2)影响是什么?

(3)怎样评估影响?

(4)避免发生方式。

(5)继续发生后果。

(6)出现该后果原因。

3. 联想式询问

(1)你想到什么?

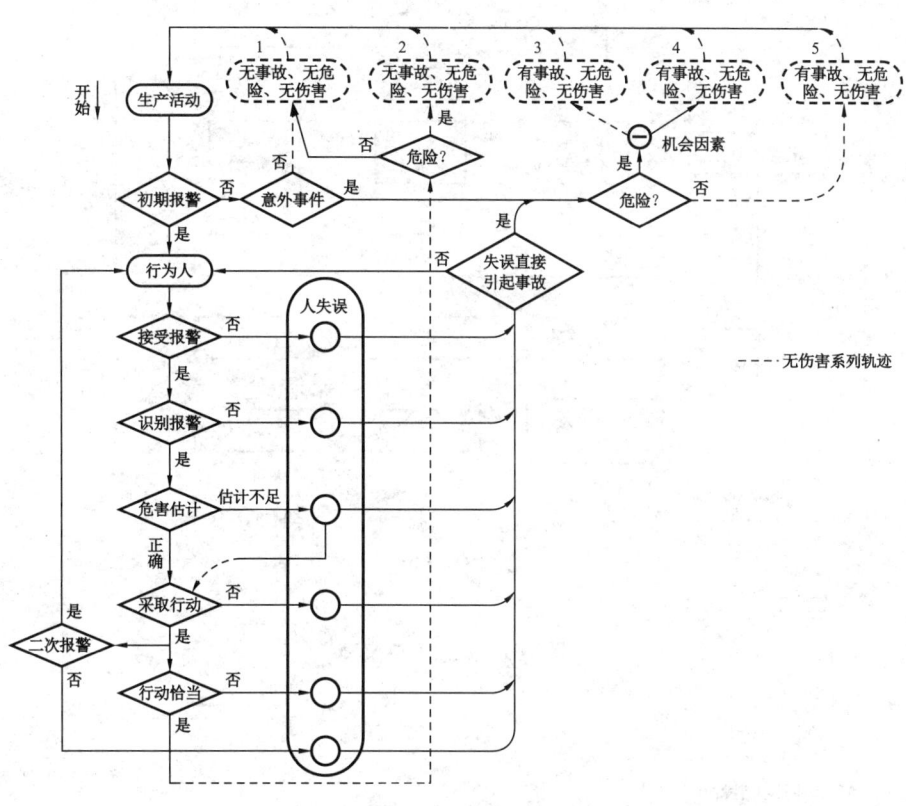

图 1-7　劳伦斯事故模型

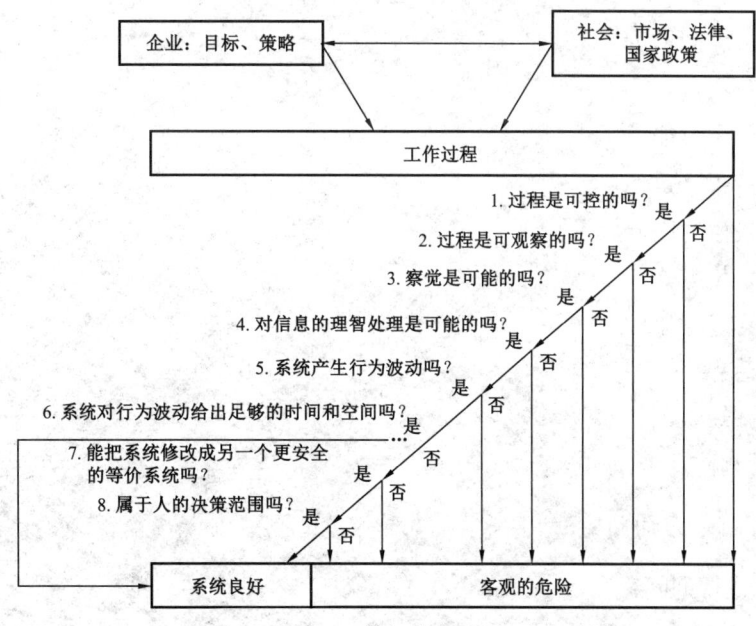

图 1-8　安德森事故模型

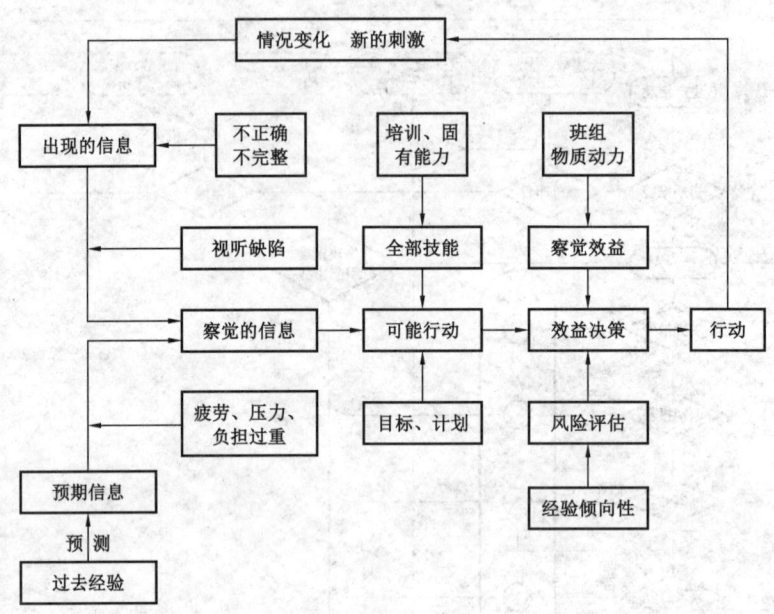

图 1-9　海尔事故模型

（2）你听到什么？

（3）你知道什么？

（4）你觉得哪些情况相似？

4. 深究式询问

（1）产生危害的地方。

（2）产生什么危害。

（3）危险伤害可能性。

（4）危险后果严重性。

（5）危险发生原因。

（6）危险发生方式。

（7）危险伤害对象。

（8）危险后果范围。

（9）有无漏缺事项。

（10）可否预防。

5. 反馈与阐述式询问

针对结果进行询问：

（1）业绩如何？

（2）反映如何？
（3）效果如何？
（4）意识如何？
（5）能力有无提升？

针对几种事故模型询问方式对比见表1-4。

表1-4 询问方式对比表

	瑟利事故模型	安德森事故模型	劳伦斯事故模型	海尔事故模型
感觉	对危险的出现有警告吗？	过程是可控的吗？	有初期警报吗？	出现的信息
	感觉到了这警告吗？	过程是可观察的吗？	接受警报了吗？	察觉的信息
认识	认识到了这警告吗？	感觉是可能的吗？	识别了警报吗？	可能行动
	知道如何避免危险吗？	对信息的理智处理是可能的吗？	危险评估了吗？	
	决定采取行动吗？	系统产生行为波动吗？	采取行动了吗？	效益决策
响应	能够避免吗？	系统对行为波动给出了足够的时间和空间吗？	行动恰当吗？	行动
其他		能把系统修改成另一个更为安全的等价系统吗？		
		属于人的决策范围吗？		

（三）引导词设计

1. 管理要件与要求提炼

（1）法律法规分解。
（2）管理标准分解。
（3）技术标准分解。
（4）工作标准分解。

2. 逻辑关系

（1）危险有害因素类型。
（2）风险类型。
（3）事故类型。
（4）事故机理。

(四)引导词含义

引导词的作用是帮助危险有害因素辨识相关人员围绕功能组件的管理需求进行思考的切入点。因此,设计出来的引导词要紧紧结合系统功能展开法对系统分解的成果组件管理需求。如:

(1)组件的结构(形态、性能、物料、状态)。
(2)组件的操作(培训、程序、节点、频次、难点、技能)。
(3)组件的调整(维护、间距、条件、环境)。
(4)组件的控制(意识、措施、防护、标识、反应、应急)。

1. 意识

指对某项管理或操作所形成的条件反射,是经长期学习、教育、培训而养成的行为习惯,包括职责意识、岗位意识、制度意识、风险意识、法制意识、培训意识、应急意识、程序意识等。如职责意识中的管理问题追踪、管理能力提升、管理缺陷查找等;如岗位意识中的岗位值守、岗位任务、隐患报告、工器具管理等;如制度意识中的制度要求完整执行、违章严惩等。

2. 反应

指人体受到外界刺激而引起动作或活动发生变化的现象。人体通过视、听、嗅、味、触觉感知外界,经大脑的综合分析、判断、记忆能力等对外界信息产生反馈。如生理反应之人体受噪声刺激后的心烦意燥、精力不集中、听力下降、心率加快、因寒冷肢体收缩,因硫化氢吸入造成肢体麻木、敏觉下降、关节受敲击会反弹等;如心理反应之人员受到相关信息干扰后的情绪异常、过度紧张、神色慌张等。

3. 防护

指为防止其他伤害而采取的保护措施。如现场施工的员工劳动防护用品、过道栏杆、楼梯扶手、安全拉绳、绝缘手套等;如工艺现场的临时用电配电板的遮雨遮阳棚、防止火势蔓延的防火堤、防止操作人员坠落的防坠网等;设备设施的防护罩、施工人员之间的隔离栏、员工登高的防护笼;电气设施的漏电保护器、防雷接地等。

4. 操作

指生产运行或作业过程中需要进行调节或执行的动作。如生产运行中的操作,主要包括加热、冷却和冷凝、冷冻、加压、负压、物料输送、熔融、混合、过滤、干燥、蒸发与蒸馏等。如作业过程中的机具摆放、设备启动检查、气体检测与监测、物件连接与拆除等。

5. 设备

指执行生产工艺任务,并在反复使用中基本保持原有实物形态和功能的生产资料、劳动资料和物质资料。包括机器和工具等。如:泵、管线、阀门、扳手、车辆等。

6. 形态

指机械设施和储运介质所处的外观形态和物质形态。如机械设施外观所表现的表面损伤、防护罩缺失、硬件变形、本体腐蚀、支架失效、构造缺陷等,储运介质所表现的蒸发、蒸汽、临界状态、挥发、弥散、混合等。

7. 物料

指生产过程中用于加工或使用的成品或非成品物质,即原料或材料。如燃料、零部件、洗涤油等。

8. 技能

指对操作或管理对象进行操作或运行管理时完成任务所需的执行能力、判断能力和控制能力的合称,也包括熟练程度。如员工的学历、从业经历、安全知识培训考核等需达到一定的水平。如操作人员具备资料录取、压力调节、问题判断、故障排除等操作技能。

9. 程序

指设备设施、操作和工作得以安全实施和管理的先后次序、步骤和管理方案。如设备设施操作规程、专门事项的管理规定、项目建设生命周期的各个环节等。

10. 措施

指设备设施正常运行和安全操作的技术措施和管理措施。如生产运行的工艺控制设施,漏电保护、温控仪、泄压阀、限速器、稳压器、过滤器、止回阀、放空阀、过载保护器等;如安全操作技术措施的防护措施,劳动防护品、护栏、操作平台、零线接地、安全护罩、检漏仪、隔离墙、防爆墙等;如安全技术管理措施的安全监护、安全监督、安全检查、安全教育、作业许可、作业审批、一机一闸等。同时也指实现安全运行和操作的防范方法和控制方法。如风险管理技术措施的消除、削减、隔离、预防、告知等,管理措施的职责审查、知识培训、预案演练、检查惩罚、作业许可、变更管理等。

11. 标识

指为特定场所工作或操作的人员提供相关信息的符号,要求执行某动作、警示某类危险、禁止不安全行为、特定环境信息等。如站场分区界限标志、平面布置示意图、安全警示标志、职业健康警示标志、逃生路线指向标、危险标识、管道标志、设备设施使用状态标志、工器具定置管理标志、阀门开关标志、能源锁定标志、文件编码、禁止抛物等。

12. 培训

指为实现安全运行或操作所需专门知识、心理和技能的训练。如操作员工的岗前培训、特殊工种的持证培训、管理层的策划思维方法培训等。培训是贯彻经营单位方针、目标,实现安全生产和文明生产,提高员工安全意识和安全素质,防止产生不安全行为,减少人为失误的重要途径。

13. 节点

指管理网络或设备设施构架网络中若干项工作、操作或工艺流程的汇集点或环节。亦即若工作、操作或工艺流程中因脱节、疏漏可能造成不良后果的环节。如设备设施方面的气质净化、原油加温、流量调节、憋压放空等。如技术方面的设计审核、施工图审查、管沟基础验收、管道运输、试运投产、竣工验收等。如管理方面的启动前安全检查、工作前安全分析、变更管理、运行参数管控、安全技术交底、作业许可管理等。

14. 频次

指日常巡检与维护操作或业务的周期、频率或次数。如设备保养规定的某个部件一周一次检查、过滤网每半月更换一次等。工作管理方面的每周一次生产例会等。

15. 环境

指运行和操作时的自然因素、物理因素、化学因素、空间因素和社会因素。如自然因素的气象、水文、地震等;如物理因素的噪声、振动、高温、低温、辐射及其他有害因素的部位与场所;如化学因素的毒物、污染等;空间因素的布局、间距、通道、隔离、标识、照明等;如社会因素的饮水源、住宿区、学校、医院等。

16. 间距

指物体之间的间隔距离。主要包括消防间距、防火间距、建筑间距、工艺间距、作业间距等。如技术方面的管道间距、阀门间距、设备设施间距等工艺间距;施工作业的人员站位间距、工具与人体之间的间距、两个或以上的施工队伍间的间距等。

17. 难点

指技术或管理要求较高、逻辑关系复杂,可能因操作、管理错误、疏忽或失误造成系统失效或事故事件的方面。如技术方面的防腐层检测、故障判断、焊接质量、零件材质、间隙调节、输损控制等;如管理方面的事故事件报告、设备设施返修鉴定、工作量衡量、培训需求调查等。

18. 参数

指用来衡量系统运行状态的技术变量的指标。如:压力、温度、液位、流量、组成、组分、转速、浓度、公用工程、维修、取样等。

(五)引导词询问法操作步骤

引导词询问法操作步骤如图1-10所示。

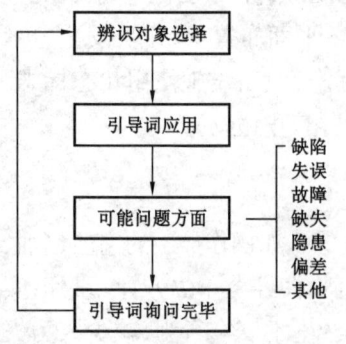

图1-10 引导词询问法流程图

四、相互作用矩阵关系法

相互作用矩阵关系法是一种结构性的危险辨识方法,是辨识各种因素(包括材料、生产条件、能量源等)之间相互影响或反应的简便工具。实际使用时,这种方法通常限制为两个因素。分析时也可加入第三个因素。如果多种因素相互作用很重要,且有能力详细分析,则可建 n 维矩阵来分析。

(一)评价指标确定

相互作用矩阵分析的因素不限于危害因素、管理因素和环境因素等,以下列出了其他需要分析的因素。相互作用矩阵分析常用的其他参数如下:

(1)生产条件,如温度、压力、静电等。

(2)环境条件,如温度、湿度、粉尘等。

(3)结构材料,如碳钢、不锈钢、石棉填料等。

(4)常用污染物,却空气、水、锈、盐、润滑剂等。

(5)生产设备或区域中处理其他因素产生的污染。

(6)长期和短期接触对健康的影响。

(7)气味、水毒性等环境影响。

(8)库存、排放或废物处理的规定限值。

评价指标选定要求:

(1)所选择的指标要能形成结合,并可以用于评价事物的后果或状态。

(2)尽可能选用客观的、可以量化的指标。

(3)指标的测定方法具有较高的真实性和可靠性。

(二)相互作用矩阵关系法操作步骤

(1)建立相互作用矩阵表。

(2)确定区域与危害因素的结合度。

(3)组织专业人士评定或查询相关案例确认。

(4)实践验证识别结果。

相互作用矩阵见表1-5。

表1-5 相互作用矩阵表

区域	危害因素			
	危害因素1	危害因素2	危害因素3	危害因素n
区域1				
区域2				
区域3				
区域m				

第二章 风险目录建立与管理

风险目录的建立不仅要回答风险目录的定义和属性问题,还要回答目录建立的方法、目录信息的来源以及目录的管理问题,确定出目录由"谁来建,谁来管"。风险目录的框架由哪些要素构成一直是长期以来关于这一风险管理工具研讨的问题。风险目录在2000年以前还只是被称作风险清单或风险登记册,有的也叫风险名录,只起到一个对危害因素和风险的检定描述的作用。那时的风险清单只是作为一个风险评价的成果,用于表明被评价对象存在的风险类型和危害因素的数量。只有在2008年德国的Dirk Proske著作的《风险目录》问世,把风险清单与风险属性的所有信息结合在一起后,风险清单才升级为了风险目录。

风险目录的建立就是要实施风险目录框架的设计、风险信息的收集和风险目录的完整性管理。从规则的角度而论,风险目录是现场风险管理者应用风险信息管理的准则。

第一节 生命周期阶段划分

一、生命周期阶段基本概念

生命周期阶段是指从新产品或系统的规划、设计、制造、使用、再循环和废物处理的全过程,新产品或系统的影响力和关注点也呈现出周期性变化的规律。

根据GB 24040—2008《环境管理 生命周期评价 原则和框架》的定义:生命周期是指"产品系统中前后衔接的一系列阶段,从自然界或从自然资源中获取原材料,直至最终处置"。根据GB 26119—2010《绿色制造 机械产品生命周期评价 总则》的定义:生命周期是指"机械产品从原材料的获取,到产品的设计、生产、包装、运输、使用、回收利用,直至最终处置的全过程"。根据GB 23700—2009《人—系统交互人类工效学 以人为中心的生命周期过程描述》的定义:生命周期是指"系统从需求定义到终止使用的生命周期所包含的阶段和活动,包括功能形成、开发、操作、维护支持和配置"。

二、生命周期阶段划分方法

在确定生命周期阶段时,可根据相关的标准规范中去找到划分的依据。从上面对生命周期的定义来看,定义方法为以下六个方面入手(但不限于):

(1)产品或系统设想的诞生。

（2）产品或系统的技术开发。
（3）产品或系统的物理结构成型。
（4）产品或系统的使用与管理。
（5）产品或系统的改建、扩建。
（6）产品或系统的拆除、停用、报废或废弃等。

在产品或系统发展的各个阶段，产品或系统面临的技术和管理特点是不同的，通过对产品或系统生命周期的规律性进行研究，有利于我们在实施产品或系统风险管理时根据产品或系统所处不同阶段采取不同的控制策略，从而更加有效地提高管理效率，找到节约风险控制成本的策略。

大多数产品或系统生命周期特定阶段的前后顺序通常会涉及一些技术或管理的转移或转让，比如设计要求、操作安排、生产设计等。在下一阶段工作开始前，通常需要验收现阶段的工作成果。但是，有时候后继阶段也会在它的前一阶段工作成果通过验收之前就开始了。当然要在由此所引起的风险是在可接受的范围之内时才可以这样做。

生命周期阶段划分时，掌握每个阶段的特征、任务和界限是实施划分的关键。
（1）所研究的产品系统。
（2）产品系统的功能。
（3）功能单元。
（4）系统边界。
（5）管理活动。

三、油气长输管道生命周期阶段

长输管道生命周期是根据油气长输管道系统的工艺生产概念形成的，工艺架构的组织、施工、工艺系统的使用以及工艺系统的逐渐老化、更换、报废到处置。结合国家和中国石油天然气集团公司关于建设项目管理规定办法，项目管理分为：前期工作管理[包括：项目（预）可行性研究，项目专项评价及报批，项目审批、核准或备案，项目管理机构组建以及管理模式选择等]和实施过程管理（包括：工程设计、物资采购、工程施工、工程监理、招标与合同、试运行投产、竣工验收、后评价）；结合 SY/T 5922—2012《天然气管道运行规范》等天然气与原油、成品油运行管理阶段的相关设计规范，继长输管道系统建成后，组织油气储存、输送、维护等工作，油气长输管道系统又分出了运行阶段；结合国家资产处置管理办法的相关规定、GB/T 24259—2009《石油天然气工业　管道输送系统》和相关行业处置规定，对于长输管道运行一定时期后，长输系统的其中一部分实施拆除、报废、停用、废弃等即为处置阶段。因此，长输管道从设计、施工、运行和处置四个阶段，如未调整，管道项目生命周期的划分基本是应用这四个阶段，见表2-1。

表 2–1　管道生命周期阶段划分对照表

序号	产品生命周期			管道生命周期	对应标准规范
	GB/T 24040	GB/T 26119	GB/T 24259		
1	原材料的获取	原材料的获取、设计	管道系统设计、管道及主要配管设计、站场和终端设计	设计	（1）中国石油天然气集团公司工程建设项目管理办法；（2）中国石油天然气股份有限公司油气田地面工程项目管理规定（2010年修订版）；（3）中国石油天然气与管道分公司建设项目管理办法（试行）；（4）GB/T 24259—2009《石油天然气工业 管道输送系统》等
2	能源和材料的生产、产品制造	生产、包装、运输	材料和涂层、腐蚀规律、施工、试压、预投产	施工	（1）中国石油天然气集团公司工程建设项目管理办法；（2）中国石油天然气股份有限公司油气田地面工程项目管理规定（2010年修订版）；（3）中国石油天然气与管道分公司建设项目管理办法（试行）；（4）GB/T 50502—2009《建筑施工施工组织设计规范》等
3	使用	使用	投产、操作、维护	运行	（1）GB/T 24259—2009《石油天然气工业 管道输送系统》；（2）SY/T 5922—2012《天然气管道运行规范》；（3）SY/T 5536—2016《原油管道运行规程》；（4）SY/T 6695—2014《成品油管道运行规范》；（5）SY/T 5920—2007《原油及轻烃站（库）运行管理规范》
4	产品生命末期的处理以及最终处置	回收利用、直至最终处置	报废	处置	（1）中国石油天然气集团公司固定资产管理办法；（2）中国石油天然气集团公司设备管理办法；（3）GB/T 24259—2009《石油天然气工业 管道输送系统》；（4）GB/T 20801.5—2006《压力管道规范—工业管道 第5部分：检验与试验》；（5）SY/T 0607—2006《转运油库和储罐设施的设计、施工、操作、维护与检验》；（6）IEC 62402—2007《报废管理 应用指南》

注：1. GB/T 24040—2008《环境管理 生命周期评价 原则与框架》。
　　2. GB/T 26119—2010《绿色制造 机械产品生命周期评价 总则》。
　　3. GB/T 24259—2009《石油天然气工业 管道输送系统》。

（一）设计阶段

设计阶段由项目建议书、可行性研究、初步设计和施工图设计四个亚阶段构成。设计阶段的目的是防止系统、设备或行为错误向不利后果发生，确保满足安全功能需求。除了要保证满足政府有关"安全预评价、职业卫生评价、环境影响评价"、"HSE'三同时'要求"等的要求外，还要通过"辨识与分析危险有害因素，危险有害物质分析、风险设施识别和分析、风险事故类型分析、事故造成的人身安全与环境影响和损害程度"等方式，找到系统可能存在的潜在的各类风险，确定项目安全环保风险的可接受水平，提出科学、合理、可行的安全对策措施建议，保证设备设施（选材、选型、布置、固定、配置、试验、间距、参数、输送量、功能、性能、防护、消防、应急和环境）安全。

（二）施工阶段

施工阶段风险控制的目标是保障施工质量、工程进度和不产生遗留问题。在生产运行阶段，往往会出现管道或站场设备设施内部存在积物、防腐层机械伤害、管道堵塞、生态破坏等。

（三）运行阶段

运行阶段风险控制的目标是保障资产完整性、功能安全性、管理可靠性、检测无误性、作业有效性。运行阶段包括 HSE "三同时"管理、劳动保护、防火防爆器具、可燃气体检测、顺序输送管理、危险作业、特种作业、操作持证、水土保持、安全保护设施、功能安全、安全监护、操作规程、流程切换、应急管理等安全管理工作内容。

（四）处置阶段

处置阶段风险控制的目标是为防止设备设施处置后产生潜在的或次生的风险或事故隐患。处置阶段包括停用、拆卸、解体、报废、废弃、移交、处置、验收、检测、监护、安评和环评等方面的工作内容。风险管控的关键包括资产的合理处置、废弃系统有效关闭、处置风险有效评估、处置剩余风险有效监测。

第二节　风险目录建立

一、风险目录作用

就目录的本身性质而言，目录是在人类社会发展到一定阶段，积累了一定数量的文献和图书以后产生的。根据考古发现和研究，三千五百多年前的殷商时代，已经积累了大量的甲骨文献。这些文献用相应的记号和数码，按一定的次序排列，分别集中保藏。这些记号和数码，可以算是我国古代目录的萌芽。

目录是一本书籍的条目列表和条目页码组成的独立文章,是指示书籍与各分部内容之间种属关系及层位结构的系统性文字。目录中可以列出出版物的内容,或显示插图列表等信息;也可以包含有助于读者在出版物中查找信息的其他内容。

因此,油气长输管道安全环保风险目录就是油气储运企业风险长期识别的技术与管理成果的积累,是构成油气长输管道安全环保风险信息的列表和字典,从而是风险目录在建设初期开始就应该具有以下功能和作用:

(1)探视风险分布。

(2)显示内在逻辑。

(3)便于信息检索。

(4)便于风险归类。

二、风险目录建立原则与要求

为满足风险目录建设所需的功能和作用要求,在目录建立时需遵从以下建立原则和框架要求。

(一)目录建立原则

(1)科学性是指目录中风险因素的各项信息必须来自标准规范、科学研究的结果和政府权威机构的公开资料,并科学地进行资料的质量评估和质量控制,从而保证目录的科学参考价值。

(2)客观性是指对危险有害因素产生的原因、后果大小以及采取的控制措施等必须采取客观的分析方法,避免主观和缺乏证据的推测。

(3)针对性是指风险目录的编写必须针对天然气管道企业的具体情况,充分考虑天然气管道企业各地区公司业务特点、生命阶段、地域差异、自然条件和管理水平相差悬殊的现实,在资料收集和分析上合理处置,不以偏概全。同时针对风险管理工作的需要,提供各阶段风险预防和防治措施等翔实的资料,为预防风险提供有价值的参考。

(4)时效性是指风险目录是动态变化的,因此,风险目录也只针对近一段时期内危害因素、风险等级和其他相关信息,只在一段时间内有效。随着风险管理工作的进展和安全生产现状的改变,当风险种类、性质及其相关信息出现变化的时候,目录就需要进行相应的修订。

(5)可扩充性是指当风险目录需要进行修订的时候,不需要改变编排方式,只对具体风险因素的相关信息进行更正和补充即可,这样将降低修订的时间和资金成本,提高修订效率和时效性。

(6)可操作性是指风险目录的编写力求条目清晰、便于查阅;内容综合,具有广泛参考价值;重点突出,特别能为风险管理领域的管理决策、事故应急、日常防护提供可操作的指导读本。

（7）可扩充性是指当风险评估结果需要进行修订的时候,不需要改变编排方式,只对风险的排序或风险的相关信息进行更正和补充即可,这样将降低修订的时间和资金成本,提高修订效率和时效性。

（8）可操作性是指力求条目清晰、便于查阅;内容综合,具有广泛参考价值;重点突出,特别能为 HSE 领域的管理决策、事故应急、日常防护提供可操作的指导读本。

（二）目录框架要求

1. 目录设置要求

（1）目录分级要与系统(体系、制度)框架、层级一致。

（2）要以评价对象全生命周期为基础,分阶段排列。

（3）要以每个阶段的过程管理为依据,分层级展开。

（4）要符合节点控制的需求。

（5）要保持相对固定。

2. 目录信息栏目设置要求

（1）符合设计标准规范要求,易于实施管理区域或区块分区。

（2）应当为提供有关各方所需要的风险信息服务,满足对外报告与对内管理的要求。

（3）符合工艺流程或工作程序要求,便于查找过程错误。

（4）能满足评价系统可能产生危害因素或危险源的各个子系统。

（5）在危险有害因素辨识过程中危险有害因素的描述要满足技术术语命名的要求和习惯叫法。

三、风险目录结构设计

风险目录的层级结构要能基本上反映系统的层级结构。目录框架设计的特点主要体现在逻辑性强、层次清晰、信息全面、便于查阅、易于扩充。

（一）风险目录栏目设置要求

通常,风险目录由三部分组成:生命周期、管控系统、风险信息。见表 2-2。

表 2-2　风险目录结构示例表

编号	生命周期	管控系统	风险信息

（1）符合设计标准规范要求,易于实施管理区域或区块分区;

（2）符合工艺流程或工作程序要求,便于查找过程错误;

(3)能满足评价系统可能产生危害因素或危险源的各个子系统;

(4)应当为提供有关各方所需要的风险信息服务,满足对外报告与对内管理的要求。

(二)风险目录级别设置

对于风险目录中的每一个栏目,可以对生命周期和管控系统两个栏目进行分解,分解的层级数根据管理层级的需求,以一个基本完整的对象为基准。

(1)一级目录:表明评价对象具有某种特定属性特征的区域或领域的相对独立系统。

(2)二级目录:执行系统某项特定工艺功能或工序任务的子系统。

(3)三级目录:实施子系统规定任务的工艺设备或任务步骤。

例如,对于生命周期可以分解出生命周期阶段和生命周期亚阶段两个层级,管控系统可以分解出系统、子系统、功能区块等。油气管道生命周期与结构层级划分表见表2-3。

表2-3 油气管道生命周期与结构层级划分表

编号	生命周期阶段	生命周期亚阶段	区域 (一级目录)	功能区块 (二级目录)
1	设计	可行性研究	可行性研究委托	受托单位资质审查
				受托单位业绩审查
				可行性研究合同签订
				…
			可行性研究勘察	…
			报告编制	…
		初步设计	专项评价单位委托	…
		…	…	…
2	施工	开工管理	开工申请	…
			开工报告	…
		施工管理	施工计划	…
			人力资源管理	…
			临时营地建设及管理	…
			材料验收及保管	…
		…	…	…

续表

编号	生命周期阶段	生命周期亚阶段	区域 (一级目录)	功能区块 (二级目录)
3	运行	生产计划	年度运行计划	…
			输油气运销计划	…
			…	…
		试运投产	试运投产组织	…
			试运投产方案	…
			…	…
		…	…	…
4	处置	处置识别	处置识别计划	…
			处置项目评估	…
			…	…
		处置计划	处置策略	…
			处置申请	…
			…	…
		处置评估	…	…

(三)风险目录信息

在完成风险目录结构设计的前两个栏目的内容后,就是要进一步完成风险目录信息栏的内容。风险目录信息栏的内容主要包括:

(1)后果分析。

(2)危害因素。

(3)危害因素成因。

(4)风险评价。

(5)控制措施。

(6)剩余风险评价。

(7)补充控制措施。

在风险目录信息栏的内容完善过程中,要注重结合表 2-4,给出功能区块内可能产生的人员伤亡、财产损失、法律违规、环境污染、商誉损坏等五类后果,形成后果分析。然后再根据后果分析进行风险评价、危害因素、危害因素成因、控制措施、商誉风险评价和补充控制措施的编制工作。具体内容见后续章节。

表 2-4 油气长输管道安全环保风险目录表

编号	生命周期阶段	生命周期亚阶段	区域（一级目录）	功能区块（二级目录）	后果分析	风险评价			危害因素	危害因素成因	控制措施	剩余风险评价			补充控制措施
						严重度	可能性	风险等级				严重度	可能性	风险等级	
1	设计	可行性研究	可行性研究委托	受托单位资质审查											
				受托单位业绩审查											
				可行性研究合同签订											
				…											
		初步设计	可行性研究勘察报告编制	…											
			专项评价单位委托	…											
			…	…											
2	施工	开工管理	开工申请	…											
			开工报告	…											
		施工管理	施工计划	…											
			人力资源管理	…											
			临时营地建设及管理	…											
			材料验收及保管	…											

续表

编号	生命周期阶段	生命周期亚阶段	区域（一级目录）	功能区块（二级目录）	后果分析	风险评价			危害因素	危害因素成因	控制措施	剩余风险评价			补充控制措施
						严重度	可能性	风险等级				严重度	可能性	风险等级	
3	运行	生产计划	年度运行计划	…											
		生产计划	输油气运销计划	…											
		试运投产	试运投产组织	…											
		试运投产	试运投产方案	…											
		…	…	…											
4	处置	处置识别	处置识别计划	…											
		处置识别	处置项目评估	…											
		处置计划	处置策略	…											
		处置计划	处置申请	…											
		…	…	…											
		处置评估													

四、风险目录建立程序

(一)油气长输管道系统评价单元划分

油气长输管道系统评价单元的划分主要参照输油输气管道和油库设计规范以及中国石油天然气集团公司相关管道站场功能划分的标准规范。

根据被评价单位的实际情况和安全评价的需要,按照以下原则划分风险评价单元:

(1)符合法律法规、标准规范和规章制度要求,有利于与之形成对应关系。

(2)符合行业、企业、区域、对象的基本属性。

(3)符合管道站场自身属性,管理区域功能属性、工艺作用。

(4)管理区域相对独立,自成体系,有利于管控措施的编制、管理任务的分配。

(5)控制范围以介质流向变化为依据。

(二)油气长输管道系统评价管理、设施、物质和作业内容盘点

1. 管理活动的盘点

管理活动的盘点要根据评价系统的业务管理部门和管理职能的分工,将业务管理过程涉及的可行性研究、项目论证、设计审查等内容梳理出来,形成管理业务清单。

2. 设备设施的盘点

设备设施的盘点要根据评价系统的区域分区和功能区块的划分结果,将区域或区块中存在的阀罐泵器机等梳理出来,形成设备设施构成表。

3. 危险物质的盘点

危险物质的盘点要结合职业病危害因素检测规定和职业接触限制的检测规范,将可能存在于工作场所的危害因素寻找出来,形成危险源检测清单。

4. 作业活动的盘点

作业活动的盘点要围绕工艺环境发生的工艺作业、危险作业、特种作业、管道施工作业等进行梳理,形成作业类型划分表。

(三)生命周期各阶段风险关注

1. 设计阶段风险关注

(1)设计阶段按照主要业务流程:安全预评价、环境影响评价、委托单位进行初设、审核初设报告、开展施工图设计等环节进行业务区域划分。

（2）每个业务区域按照关键节点：公司能力、人员能力、审核管理、是否符合相关法律法规、标准规范要求五个方面进行系统功能法展开。

（3）将节点分解到适宜程度，按照相关标准、规范等要求对每个节点进行危害因素辨识，形成风险目录中危害因素辨识的框架。

2. 施工阶段风险关注

（1）施工阶段按照主要业务流程：招标、施工、监理、检测、中间交接、投产试运、完工交接等环节进行业务区域划分。

（2）按照系统功能展开法将招标、施工、监理、检测、中间交接、投产试运、完工交接等程序的关键节点进行系统展开。

（3）将关键节点分解到适宜程度，按照相关标准、规范等要求对每个节点进行危害因素辨识，形成风险目录中危害因素辨识的框架。

3. 运行阶段风险关注

（1）运行阶段是指工程试运投产合格后，工程项目正式投产运行，进入日常生产管理。

（2）在运行阶段根据辨识对象的特点，按照管理区域、功能区块、功能模块、功能组件的形式进行逐层分级和分解。

（3）站场的功能区块包括：干线进出站区、过滤分离区、压缩机区、排污区、消防区、变配电区、值守区及外部环境区域。

（4）各功能区块按照系统功能展开法逐级展开，包括的功能模块有：组件、作业活动、管理活动等。

（5）根据系统功能展开法针对各具体的功能模块逐级分解到适宜程度，按照相关标准、规范等要求对每个节点进行危害因素辨识，形成风险目录中危害因素辨识的框架。

4. 处置阶段风险关注

（1）处置阶段指管道系统因高风险或其他原因造成的停输或者报废。

（2）处置阶段按照主要业务流程：停用、报废等两个环节进行业务区域划分。

（3）停用、报废等关键业务环节按照停用申报、停用程序、停用管理、停用环境等进行功能模块划分。

（4）根据系统功能法针对各具体的功能模块逐级分解到适宜程度，按照相关标准、规范等要求对每个节点进行危害因素辨识，形成风险目录中危害因素辨识的框架。

第三节 风险目录管理

一、目录的现场管理

(一)目录分类管理

1.目录分类方法

(1)根据风险属性分为:安全风险、健康风险和环境风险。

(2)按风险等级分为:高度风险、中度风险和低度风险。

当编制的风险目录为安全风险类目录,则在表2-5的表题后面加(安全风险类),其余类推。

2.企业重点关注的危险

(1)着火危险;(2)爆炸危险;(3)电气危险;(4)机械危险;(5)压力危险;(6)中毒危险;(7)缺氧危险;(8)噪声危险;(9)振动危险;(10)坠落危险;(11)坍塌危险;(12)倒杆危险;(13)运动物伤害危险;(14)辐射危险;(15)热冷源危险;(16)泄漏危险;(17)腐蚀危险;(18)材料、物质产生的危险;(19)与机械使用环境有关的危险;(20)第三方破坏危险;(21)人类工效学危险。

(二)目录分级管理

1.目录编制的确认

(1)地区公司级编制风险目录。

(2)分公司级编制风险台账。

(3)基础站队编制危害辨识大表。

地区公司级的风险目录参照表2-4的格式编制,地区公司二级单位级的风险台账参照表2-5的格式编制。

2.风险等级的确认

(1)风险等级评价为高级的风险,经公司级组织确认。

(2)风险等级评价为中级的风险,经分公司级组织确认。

3.风险管理任务

(1)基层站队负责危害因素辨识、风险评价和控制措施的编制与执行,提供风险目录更新的推荐建议。

表 2-5 地区公司二级单位风险管理台账

区域	功能模块			风险分析			风险评价			现有风险控制措施			风险管控单位（请打"√"）			需要增补风险控制措施			剩余风险评价			备注
	产品/活动/服务	事件学习	其他活动	后果分析	危害因素种类	危害因素成因	严重度	可能性	风险等级	技术措施	管理措施	个人防护	基层单位	二级单位	公司机关	技术措施	管理措施	个体防护	严重度	可能性	风险等级	

（2）分公司负责危害因素辨识完整性的确认、风险评价结果确认和控制措施针对性、适合性确认；中度风险的确认和高度风险的初步判定；高度风险应急预案的编制与报批。

（3）地区公司负责风险评价结果的审批与发布；确认高度风险治理的必要性和判定其可接受程度；确定高度风险应急预案的编制必要性和可操作性审批；申报地区公司职权范围以上的风险治理项目；对本地区公司生产安全风险防控工作进行考核。

（4）专业公司负责建立风险判别准则，组织危害因素辨识，评估和控制本专业的重点风险；指导、监督业务分管企业的生产安全风险防控工作；对本专业生产安全风险防控工作进行考核；协调解决本专业生产安全风险防控工作中的重大问题。

二、风险目录审核与发布

（1）按照实际风险控制需求，参照相关标准采取控制措施。风险控制应遵循"消除、替代、降低、隔离、程序、个体防护、警告"的优先顺序原则，制定管理方案，分级管理，要求如下：

① 高度风险应由各类风险的业务主管部门按《事故隐患管理规范》组织制定消除或削减风险的管理措施，并组织实施，在专业公司 QHSE 委员会上对风险控制消减措施实施及效果进行汇报。

② 中度风险宜由各单位业务主管部门组织监督管控措施的制定和落实，在各单位 QHSE 委员会上对风险控制消减措施实施及效果进行汇报。

③ 低度风险可由各作业区（站队、现场组）制定消除或削减风险措施并落实。

（2）作业区（站队）、现场组是各类风险的管控主体，对属地范围内高、中、低风险控制负有主要责任。

（3）对于高风险应确保在公司应急预案的覆盖范围之内，如未覆盖应建立或修订应急预案。

（4）应按照国家法律法规，上级单位及相关方要求建立作业许可，风险评价结果为高的作业活动应建立作业许可。

（5）对于风险评价程度为高，且涉及岗位比较单一的，应建立工作准则或操作规程。

三、目录的更新与维护

（一）目录调整原则

（1）坚持安全第一，以维护人员生命安全及财产损失相关权益为宗旨。

（2）结合企业风险管理工作的实际，突出重点。

（3）适应天然气管道企业现阶段的安全管理水平和风险承受能力。

（4）保持目录的连续性和可操作性。

（5）建立目录动态调整的工作机制。

（6）按照公开、透明的原则，充分听取各层级人员和社会相关方的意见。

（二）目录的更新

风险目录每年更新一次，更新主要来自于事故事件以及发生变更情况。遇以下几种情况时，应及时组织风险的更新。

（1）相关的法律、法规和其他要求发生变化时。

（2）工艺、设备、设施等发生变更等情况，出现新作业或改变现有作业之前。

（3）业务范围或活动任务发生变化时。

（4）隐患治理结束时一周内。

（5）有重大活动或临时性高风险活动前。

（6）内外审核和管理评审发现风险管理存在问题时。

（7）当地环境发生重大变化后对环境风险的复核。

（8）公司或上级有特别部署或强调时等。

（三）目录的维护

对已经建立的风险目录，要对其合规性和完整性进行维护，要使风险的描述更加具体和准确。具体识别时，描述识别出的风险因素及其可能导致的风险事件，可参考 SY/T 6631《危害辨识、风险评价和风险控制推荐作法》、GB/T 13861《生产过程危险和有害因素分类与代码》、SY/T 6621《输气管道系统完整性管理规范》、ISO 17776《石油和天然气工业 海上开采装置 危险识别和风险评估用方法和技术指南》、挪威船级社的国际安全评级手册（ISRS）等资料。

第三章 风险目录层级分解

油气长输管道系统具有点多、线长、分散、连续和单一的输送特点,为确保管道的安全运行,必须加强安全管理。输油气站队作为输油气管道的心脏,安全工作极其重要,因此必须建立健全管理机构以及各生产岗位的安全操作规程和安全责任制,并确保贯彻执行。各输油气工艺岗位的操作人员和各级工作人员必须熟悉自己负责范围内的工作职责和安全责任,严格按操作规程办事,保证输油气管道安全、平稳地运行。为了对油气长输管道进行风险评价必须弄清管道系统构成的结构要素结构方式。

第一节 管道、站场和油库系统架构分解

为简化风险评价工作且避免评价漏项,提高风险评价方法的应用准确性,对管道企业的QHSE管理体系所涉及的站队与管道、作业活动、设备设施等进行系统梳理和分解,并将梳理分解成果纳入基础安全检查表中。

一、管道站场系统架构分解

(一)分解原则

(1)符合法律法规、标准规范和规章制度要求,有利于与之形成对应关系。
(2)符合行业、企业、区域和对象的基本属性。
(3)符合管道自身属性,管理区域功能属性和工艺作用。
(4)管理区域相对独立、自成体系,有利于管控措施的编制、管理任务的分配。
(5)控制范围以介质流向变化为依据。

(二)分解参考标准

依据 GB/T 24259—2009《石油天然气工业 管道输送系统》、GB 50251—2015《输气管道工程设计规范》、GB 50253—2014《输油管道工程设计规范》(2015版)、SY/T 6186—2007《石油天然气管道安全规程》、SY/T 6652—2014《成品油管道输送安全规程》、SY/T 5536—2016《原油管道运行规范》和 SH 3012—2011《石油化工金属管道布置设计规范》的相关规定,按照管理区域、功能区块的划分原则,对管道站场系统,进行逐层分级和分解,见表3—1。

表 3–1 管道站场系统结构层次划分表

分区	站场类型			
	管道	压气站场	原油站场	成品油站场
生产区	紧急截断装置 ESD	进出站阀组区	进出站阀组区	进出站阀组区
	地面管段区	清管区	清管区	清管区
	埋地管段区	过滤分离区	计量区	计量区
	穿越管段区	计量区	泵棚区	泵棚区
	跨越管段区	压缩机区	加热炉区	混油处理区
	阀室区	调压区	换热器区	储罐区
	放空火炬区	加热炉区	储罐区	防火堤
		后空冷区	防火堤	事故缓冲池
		自用气区	事故缓冲池	污油罐区
		排污(罐)区	污油罐区	污水蒸发池区
		放空区	污水蒸发池区	
		污水蒸发池区		
辅助区	水土保护区	消防泵房	消防泵房	消防泵房
	水工工程区	消防车库	消防车库	消防车库
	伴行道区	变配电间	变配电间	变配电间
	"三桩"标识区	阴保间	阴保间	阴保间
		机修间	机修间	机修间
		空压机房	器材库	器材库
		器材库	锅炉房	锅炉房
		锅炉房	机柜间	机柜间
		机柜间	化验室	化验室
		化验室	深井水泵房	深井水泵房
		深井水泵房	供注水泵房	供注水泵房
		供注水泵房	循环水泵房	循环水泵房
		循环水泵房	给水功能间	给水功能间
		给水功能间	水标定间	水标定间
		IO 分析小屋		

续表

分区	站场类型			
	管道	压气站场	原油站场	成品油站场
行政管理区		门卫	门卫	门卫
		办公室	办公室	办公室
		站控室	站控室	站控室
		车库	车库	车库
		倒班宿舍	倒班宿舍	倒班宿舍
		食堂	食堂	食堂
		浴室	浴室	浴室

二、油库系统架构分解

(一)分解方法

(1)按生产性质划分。
(2)按输送介质划分。
(3)按功能作用划分。
(4)按系统分区划分。

(二)分解参考标准

参考标准包括 GB 50074—2014《石油库设计规范》、GB 50156—2012《汽车加油加气站设计与施工规范》、GB 20950—2007《储油库大气污染物排放标准》、GB 50737—2011《石油储备库设计规范》、SY/T 0607—2006《转运油库和储罐设施的设计、施工、操作、维护与检验》、SY/T 6306—2014《钢质原油储罐运行规范》和 Q/SY 1500—2012《石油库设计规范》

油库功能分区具体划分可按以下几种方法进行。

(1)按油库的管理体制和经营性质可分为独立油库和企业附属油库两大类。独立油库是指专门从事接收、储存和发放油料的独立经营的企业和单位。企业附属油库是工业、交通或其他企业为满足本部门需要而设置的油库。

(2)按主要储油方式可分为地面(或称地上)油库、隐蔽油库、山洞油库、水封石洞库和海上油库等。地面油库与其他类型油库相比,建设投资少、周期短,是中转、分配、企业附属油库的主要建库形式,也是目前数量最多的油库类型。

(3)油库还可按照其运输方式分为水运油库、陆运油库和水陆联运油库。

(4)按照经营油品分为原油库、润滑油库、成品油库等。

(5)油库按照油罐的总容积划分为小型油库(其容积为 $1 \times 10^4 m^3$ 以下)、中型油库(其容积为 $1 \times 10^4 \sim 5 \times 10^4 m^3$)和大型油库(其容积为 $5 \times 10^4 m^3$ 以上),见表3-2。

表 3–2　油库系统结构层次划分表

分区		功能区块
储油区		油罐
		防火堤
		油泵站
		控制室
		事故缓冲池
		泡沫间（站）
		变配电间等
油品装卸区	铁路油品装卸区	铁路油品装卸栈桥
		油泵站
		零位罐
		控制室
		泡沫间（站）
		变配电间等
	公路油品装卸区	汽车油品装卸设施
		油泵站
		灌油间
		高架罐
		控制室
		泡沫间（站）
		变配电间等
辅助区		消防泵房
		消防车库
		变配电间
		阴保间
		计量室
		仪表室
		机修间
		器材库

续表

分区	功能区块
辅助区	油品库房
	柴油发电机间
	锅炉房
	机柜间
	化验室
	水泵房
	污水(油)处理设施
行政管理区	门卫
	办公室
	站控室
	汽车油罐车库
	倒班宿舍
	食堂
	浴室

三、站场类型架构分解

(一)分解方法

(1)按生产性质划分。
(2)按输送介质划分。
(3)按功能作用划分。
(4)按系统分区划分。

(二)分解依据

根据国家安全生产监督管理总局(以下简称安监总局)颁发的《危险化学品建设项目安全评价细则》(安监总危化[2007]255号文件)、SH/T 3169—2012《长输油气管道站场布置规范》、SY/T 0048—2016《石油天然气工程总图设计规范》、GB 50251—2015《输气管道工程设计规范》、GB 50253—2014《输油管道工程设计规范》和CDP-G-GP-OP-013-2010/B《输气管道工程站场设计规定》的规定,结合站场实际,对管道企业的站场系统按照管理区域、功能区块、功能模块、功能组件的形式,进行逐层分级和分解,见表3-3。

表 3–3　站场类型划分表

总类	亚类	设施构成
首站	输油首站	接收来油进罐
		油品切换系统
		加热/增压外输
		站内循环系统
		压力泄放装置
		清管通球装置
	起点压气站	气体净化装置
		气体混合装置
		压力调节装置
		气量计量设施
		温度冷却装置
		清管通球装置
		压缩机组装置
中间站	中间压气站	气体净化装置
		气体混合装置
		清管器接收、发送装置
		压缩机装置
		气量计量装置
		越站旁通
		安全放空
		紧急截断系统
	中间输入站	接收来油进罐
		油品切换
		加热/增压外输
		调压输入
		站内循环
		压力泄放
		泄压罐油品回注
		清管器接收、发送或越站

续表

总类	亚类	设施构成
中间站	中间加热站	加热装置
		加热外输
		清管器接收、发送或越站
		热力越站
		全越站
	中间泵站	增压外输
		清管器接收、发送或越站
		压力越站
		全越站
		压力泄放
		泄压罐油品回注
	中间热泵站	加热/增压外输
		清管器接收、发送或越站
		压力/热力越站
		全越站
		压力泄放
		泄压罐油品回注
	中间清管站	清管器接收、发送装置
		越站旁通
	调压计量站	调压器
		安全阀
		过滤器
		压力表
		差压计
		流量计
	中间分输站	加热/增压外输
		调压、分输
		计量、标定
		清管器接收、发送或越站
		压力/热力越站

续表

总类	亚类	设施构成
中间站	中间分输站	全越站
		压力泄放
		泄压罐油品回注
	中间减压站	减压/加热外输
		压力泄放
		清管器接收、发送
		泄压罐油品回注
	阀室	越站外输
		清管器接收、发送
末站(终点充气站)		清管器接收
		接收来油进罐
		站内循环
		压力泄放
		油品计量交接
		流量计标定

第二节 职业健康因素构成架构分解

根据《中华人民共和国职业病防治法》等相关法律法规对职业健康因素系统的构成因素进行划分。

职业健康影响和保障因素构成的分析是研究职业健康危险有害因素的前提。它包括组织文化(健康管理方针、健康文化、体系建设、工作压力);工作环境(卫生标准、人类工效);劳动条件(劳动强度、劳动组织);健康计划(健康影响因素识别、健康投入(健康防护设备)、健康教育(心理辅导)、健康监护(健康档案))。

一、职业健康构成因素分解原则

(1)符合法律法规、标准规范和规章制度要求,有利于与之形成对应关系。
(2)符合行业、企业、区域、对象的基本属性。
(3)依据企业生产性质、规模、职业危害程度。
(4)管理区域相对独立、自成体系,有利于管控措施的编制和管理任务的分配。
(5)依据职业健康衡量指数,符合工效学原理。

二、职业健康构成因素分解方法

（1）按职业健康的保障条件划分。
（2）按职业健康的防护措施划分。
（3）按职业健康的监护手段划分。

三、职业健康构成因素分解依据

根据 GBZ 1—2010《工业企业设计卫生标准》、SH 3047—1993《石油化工企业职业安全卫生设计规范》、GBZ 188—2007《职业健康监护技术规范》、Q/SY 1528—2012《石油企业职业健康监护规范》、Q/SY 1306—2010《野外施工职业健康管理规范》和 Q/SY 74—2011《职业健康工作指南》的要求编制职业健康影响构成因素划分表，见表3-4。

表3-4 职业健康影响构成因素划分表

属性	范围	物质/活动	伤害方式	危险物质
物理性因素	物体	溜滑或不平坦的场地	滑跌、跌倒	
		高空物体坠落	势能转换冲击、物体打击	
		服饰缠绕、卷入伤害、烫伤和其他设备产生的危险源	接触、灼烫	
		在出差步行时的交通运输危险源	交通伤害	
	能量	火灾和爆炸	热辐射、灼烧、冲击波	天然气、原油、成品油、蒸汽、高压水
		可造成伤害的能源	破坏人体组织和调温系统；破坏设施金属结构	如电、辐射、噪声、振动等
		能快速释放并对身体造成伤害的储存能量	破坏人体组织和调温系统	
		电离辐射	破坏人体组织和调温系统；破坏设施金属结构	由X光机、伽马射线仪或放射性物质产生
		非电离辐射	破坏人体组织和调温系统；破坏设施金属结构	光、磁、无线电波
化学性因素、生物性因素	物质	吸入烟雾、有害气体或尘粒；生物制剂、过敏源或病菌	身体接触或身体完全吸收	
			摄食	
			物料的储存、不相容或降解	
			被吸入	

续表

属性	范围	物质/活动	伤害方式	危险物质
社会心理性因素	心理	工作量过度	经接触传染	应激、焦虑、疲劳或沮丧
			被摄食	
			能导致负面社会心理状态的情况	
其他因素	活动（作业）	缺乏沟通或管理控制	势能转换冲击、物体打击	
		工作场所物理环境		
		身体暴力		
		胁迫或恐吓		
		高处作业		
	环境	受限空间作业	缺氧、毒物伤害	
		未能考虑人类工效学要求	影响血液循环、损伤人体健康	
		手工搬动	破坏人体组织	
		重复性工作	影响血液循环、损伤人体健康	
		能导致上肢失调的频繁重复性任务	影响血液循环、损伤人体健康	
		造成员工身体伤害的职场暴力	破坏人体组织	
			能导致体温过低或热应激的不适热环境	

第三节 环境因素构成分解

根据《中华人民共和国环境保护法》等相关法律法规对环境系统的构成因素进行划分。

一、环境因素架构分解原则

（1）符合相关法律法规、标准规范、规章制度，有利于与之形成对应关系。
（2）符合行业、企业、区域、对象的基本属性。
（3）依据企业生产性质、规模和选址条件。
（4）依据企业所在地的环境特征（自然环境特点、环境敏感程度、环境质量现状和社会经济状况等）。
（5）管理区域相对独立、自成体系，有利于管控措施的编制和管理任务的分配。

（6）依据生产经营的环境功能区划原则。
（7）依据现有环境评价技术方法。
（8）依据《建设项目环境保护分类管理名录》《建设项目环境影响评价分类管理名录》。
（9）依据环境污染排放指标。

二、环境因素架构分解方法

（1）按构成环境因素的物质划分。
（2）按构成环境因素的空间划分。
（3）按构成环境因素的活动划分。

三、环境因素架构分解依据

根据 HJ 2.1—2011《环境影响评价技术导则 总纲》、HJ/T 349—2007《环境影响评价技术导则陆地石油天然气开发建设项目》的要求编制环境构成因素划分表和环境敏感目标构成清单、见表 3-5 和表 3-6。

表 3-5 环境构成因素划分表

类别	系统	子系统	区域
自然环境	气象	大气	干洁空气
			水汽
			固体杂质
		气候	雨雪、冰霜、风云、雾霾
		气压	
		气温	
		气流	
	水文	地表水	河流
			海洋
		地下水	
	生态	植被	森林
			热带雨林
			天然林
			红树林
			草原
		动物	野生动物
			天然渔场

续表

类别	系统	子系统	区域
自然环境	生态	土壤	沙尘暴源区
			荒漠中的绿洲
			水土流失重点防治区
		特殊保护区	生态功能保护区
			重要湿地
			珍稀动植物栖息地或特殊生态系统
			珊瑚礁
	地质	地貌	地质公园
		矿藏	
		地质构造	
	风景区		风景名胜区
	水源保护区		饮用水水源保护区
			鱼虾产卵场
			严重缺水地区
	自然遗迹		世界遗产地
			火山
			冰川
			温泉
			自然古迹
	自然保护区		自然保护区
社会环境	政府		党政机关集中的办公地点
	企业	生产物质	
		排放物质	
	学校		文教区
	医院		医院
	社区		人口密集区
	道路		
	车站		
	码头		
	隧道		
	城市		

续表

类别	系统	子系统	区域
社会环境	疗养地		疗养地
	乡村		
	文物(人文遗迹)		国家重点文物保护单位
			具有历史、文化、科学、民族意义的保护地
	养殖区		
	军事基地		
	基本农田保护区		基本农田保护区
特定工作场所	工艺环境	机械	
		压力	
		电气	
		排气	
		有毒有害物质	
		热源	
		噪声	
		辐射	
		通风	
		照明	
		安全保护设施	
		平面布置缺陷	
	作业环境	场地	
		噪声	
		着火	
		电气	
		压力	
		腐蚀	
		有毒有害物质	
		缺氧	
		受限	
		坍塌	
		坠物	

续表

类别	系统	子系统	区域
特定工作场所	作业环境	防护设施	
		通风	
		照明	
		气象	

表 3–6 环境敏感目标构成清单

系统	子系统	区域
水源保护区	特殊保护区	饮用水水源保护区
自然保护区		自然保护区
风景区		风景名胜区
生态区		生态功能保护区
		森林公园
		水土流失重点防治区
基本农田保护区		基本农田保护区
地质区		地质公园
文物区		世界遗产地
		国家重点文物保护单位
		历史文化保护地
生态区	生态敏感与脆弱区	沙尘暴源区
		荒漠中的绿洲
		严重缺水地区
		珍稀动植物栖息地或特殊生态系统
		天然林
		热带雨林
		红树林
		珊瑚礁
		鱼虾产卵场
		重要湿地
		天然渔场

续表

系统	子系统	区域
社区	社会关注区	人口密集区
学校		文教区
政府		党政机关集中的办公地点
疗养地		疗养地
医院		医院
文物		具有历史、文化、科学、民族意义的保护地

四、危险场所结构分解

根据 GB/T 29304—2012《爆炸危险场所防爆安全导则》、GB 3836.14—2014《爆炸性环境 第14部分：场所分类 爆炸性气体环境》、AQ 3009—2007《危险场所电气防爆安全规范》、AQ/T 3047—2013《化学品作业场所安全警示标志规范》、AQ/T 4208—2010《有毒作业场所危害程度分级》、SY/T 6524—2010《石油工业作业场所劳动防护用具配备要求》、WS/T 69—1996《作业场所噪声测量规范》的要求，结合油气管道储运企业生产、作业、服务特征，组织应系统划分作业危险场所的构成要素，详细划分见表3-7。

表3-7 危险场所类别划分表

大类	中类	小类	物质/分区
火灾爆炸危险	爆炸危险	危险物质	可燃气体
			蒸汽
			可燃液体
		危险划分	0区
			1区
			2区
	火灾危险性		
腐蚀中毒危险	化学品危险		
	中毒危险		
机械安全危险	机械危险场所	外壳防护失效危险	
		机械结构危险	
		运动部件危险	
		联接危险	
	电气危险场所		

续表

大类	中类	小类	物质/分区
机械安全危险	热危险场所		
	噪声危险场所		
	振动危险场所		
	辐射危险场所		
	材料和物质产生的危险场所	粉尘危害场所	
	人类工效学危险场所		
	综合危险场所		

第四节　作业架构分解

作业活动是指对站场与管道系统实施的维护、保养、检维修、装卸、置换和改造等操作活动的总称,其中包括工艺操作活动和施工操作活动。工艺操作活动和施工操作活动作业项目是指对具体的某一项作业活动所包含的管理内容。

一、作业架构分解原则

(1)符合法律法规、标准规范和规章制度要求,有利于与之形成对应关系。
(2)符合行业、企业、区域、对象的基本属性。
(3)符合作业自身属性:危险程度、作业特殊性。
(4)管理区域相对独立:自成体系,有利于管控措施的编制、管理任务的分配。

二、作业架构分解方法

(1)按独立性的管理区域进行划分。
(2)按作业场所的属性进行划分。
(3)按功能区块的任务进行划分。
(4)按功能组件的操作活动进行划分。

三、作业架构分解依据及结果

根据国家安全生产监督管理总局 2010 年发布的《特种作业人员安全技术培训考核管理规定》、国家质量监督检验检疫总局 2011 年公布的《特种设备作业人员作业种类与项目》(第 95 号)中的特种作业目录和 Q/SY 1124.7《石油企业现场安全检查规范　第 7 部分:管道施工作业》的相关规定,结合特种作业、危险作业和常规作业发生场所特点,编制出表 3-8。

表 3-8 天然气与管道业务作业活动划分表

场所	作业属性	作业区域	作业活动
站场	工艺作业	阀门操作作业	闸阀的安装作业
			角式节流阀的安装作业
			阀门保养作业
			安全阀调校作业
			ESD 在线维修作业
			放空操作作业
			无压清洗针形阀换盘根操作作业
			紧急切断作业
			输（配）气站开气作业
		过滤分离作业	天然气分离除尘作业
			分离器清洗作业
			分离器检测作业
			油品预处理作业
			分离器维护保养作业
			分离器排污操作作业
		计量作业	流量计安装作业
			流量计切换作业
			压力表操作作业
			压力表更换作业
			智能旋进旋涡流量计调试作业
			智能旋进旋涡流量计操作作业
			压力温度变送器检验作业
			计量设备的检定和送检
		调压作业	自力式调压阀启动作业
			自力式调压阀关闭作业
			调压阀的维护保养作业
		流程操作作业	输油工艺启输作业
			原油加热作业
			流程切换作业
			混油切换作业

续表

场所	作业属性	作业区域	作业活动
站场	工艺作业	流程操作作业	流量调节作业
			输油工艺停输作业
			停输时管线泄压作业
			污油泵作业
			放空作业
		增减压作业	电动增压机增压作业
			容积式增压机增压作业
			往复式增压机增压作业
			压缩机停机作业
		罐区作业	清罐作业
			倒灌作业
			油品取样作业
			泄压油品回注作业
			清蜡作业
			清线作业
			油品测温作业
			单罐冷水喷淋作业
			电气作业
			检维修作业
	辅助作业	清管作业	发送清管球（器）操作作业
			接收清管球（器）操作作业
			清管器的收、发操作作业
			清管过程中卡球的处理作业
			空管通球作业
		试压作业	强度试压作业
			气密性试压作业
			水密性试压作业
			管道试压作业
			阀门试压作业
		检维修作业	管线与设备打开作业
			管线吹扫作业

续表

场所	作业属性	作业区域	作业活动
站场	辅助作业	检维修作业	停气碰头作业
			管线封堵作业
			压缩机检维修作业
			机泵检维修作业
			危险化学品作业
			抽堵盲板作业
			设备设施外防腐作业
			消防泵机组试运作业
			泡沫罐加注泡沫作业
			搬运作业
		管道检测作业	管道巡线作业
			站场数据采集作业
			管道内检测作业
			超声波检测作业
			阴极保护电位检测作业
			春秋季电气防雷检查作业
油库	油库作业	装卸(灌装)作业	原油装卸作业
			成品油装卸作业
			含油污水装卸作业
			散装油装卸作业
		其他作业	更换脱硫剂作业
			加注臭味剂作业
			油品取样作业
			油品化验作业
			加注缓蚀剂作业
			污水处理作业
维抢修队	危险作业	登高架设及高处作业	高处作业
			登高架设作业
		气体充装作业	氮气充装作业
			溶解乙炔充装作业

续表

场所	作业属性	作业区域	作业活动
维抢修队	危险作业	气体充装作业	CNG 充装作业
			其他气体充装作业
		带压管道、带压容器作业	带压管道、带压容器清洗作业
			带压管道、带压容器试压作业
			带压管道、带压容器维护、检修作业
			手动开孔作业
			带压开孔作业
			试压作业
		有毒有害、易燃易爆场所作业	危险化学品生产、贮藏、运输作业
			有毒有害、易燃易爆物品废弃处置作业
			易燃易爆场所动火作业
			石油、天然气长输管道清洗、试压作业
			天然气净化装置大修作业
			民用爆炸物品生产、试验、贮藏、运输作业
			危险化学品生产、贮藏、运输设施、设备的安装及维修(护)作业
			易燃易爆场所动土作业
			放射物质的使用、贮藏、运输、保管等作业
			介质置换作业
		土木工程作业	基坑支护与降水作业
			土石方开挖与危岩清除、锚固作业
			隧道施工作业
			公路、铁路高边坡(2m 以上)处理作业
			地下工程开挖、支护作业
			高边坡施工、锚固作业
			基坑开挖、支护作业
			挖掘作业
			推土作业
	特种作业	起重吊装作业	起重吊装作业
			装卸作业

续表

场所	作业属性	作业区域	作业活动
维抢修队	特种作业	拆除作业	建筑物(构筑物)拆除作业
			搭架拆除作业
			塔吊等大型设备拆除作业
			大型机械设备拆除作业
		电气与带电作业	输变电倒闸作业
			电力线路带电检修作业
		受限空间作业	管、罐、沟、槽、巷、渠、井、漏斗、漏仓内作业
		电工作业	含发电、送电、变电、配电工,电气设备的安装、运行、检修(维修)、试验工
		金属焊接、切割作业	含焊接工,切割工
		起重机械(含电梯)作业	含起重机械(含电梯)司机,司索工,信号指挥工,安装与维修工
		企业内机动车辆驾驶	含在企业内及码头、货场等生产作业区域和施工现场行驶的各类机动车辆的驾驶人员
		登高架设作业	含2m以上登高架设、拆除、维修工,高层建(构)筑物表面清洗工(脚手架作业)
		锅炉作业(含水质化验)	含承压锅炉的操作工,锅炉水质化验工
		压力容器作业	含压力容器罐装工、检验工、运输押运工,大型空气压缩机操作工
		制冷与空调作业	含制冷设备安装工、操作工、维修工
		爆破作业	含地面工程爆破、井下爆破工
		矿山救护作业	
		危险物品作业	含危险化学品、民用爆炸品、放射性物品的操作工、运输押运工、储存保管员
	管道施工作业	管道施工过程作业	测量放线扫线作业
			布线作业
			动火作业
			对口组装作业
			焊接作业
			起重作业
			吊装作业

续表

场所	作业属性	作业区域	作业活动
维抢修队	管道施工作业	管道施工过程作业	补伤补口作业
			保温作业
			管线下沟作业
			汇管清洗作业
			管线吹扫作业
			强度试压作业
			严密性试压作业
			压力试验作业
	其他辅助作业	特殊施工过程作业	开挖穿越作业
			穿越带水开挖作业
			定向钻作业
			顶管作业
			管线穿越作业
			管线跨越作业
			管线隧道内作业
			盾构施工作业
			一般螺纹件加工
			储罐施工作业
		土石方工程作业	深坑作业
			临边作业
			临时用电作业
			高处作业
			动土作业
			受限空间作业
		其他作业	检修作业
			打捞作业
			运输作业
			特车驾驶作业
			通信设备调试作业

第五节　重大危险源架构分解

根据《关于开展重大危险源监督管理工作的指导意见》(安监管协调字[2004]56号)附件1、《危险化学品重大危险源安全监督管理暂行规定》(2011国家安全生产监督管理总局令第40号)、GB 18218—2009《危险化学品重大危险源辨识》和GB 13690—2009《化学品分类和危险性公示　通则》,结合油气管道储运企业生产、作业、服务特征,以及场所危险化学品生产、使用和贮存情况,组织系统划分可能引起安全事故、环境影响和职业健康损坏的重大危险源结构。

危险源的构成有危险物质、危险工艺和危险场所构成,其中,危险物质是以爆炸品;压缩气体和液化气体;易燃液体;易燃固体、自燃物品和遇湿易燃物品;氧化剂和有机过氧化物;有毒品和感染性物品;放射性物品;腐蚀品为主要内容。危险场所是以区域或空间内存在的物质的危险特性、危险条件进行确定的(易爆、易燃、有毒、有害、氧化和辐射等)。

一、危险化学品分解

根据《危险化学品目录(2015版)实施指南(试行)》、《重点监督的危险化学品名录》(2013版)和GB 18218—2009《危险化学品重大危险源辨识》,结合油气管道业务特点,构成管道行业重大危险源的危险化学品和特殊关键容器的类别,见表3-9。

表3-9　天然气与管道业务常见危险化学品表

类别名称	子项名称	判别条件	典型物质名称
爆炸品	具有整体爆炸危险的物质和物品		爆破用电雷管、弹药用雷管、传爆管(带雷管的)、爆炸管、起爆引信等
	具有燃烧危险和较小爆炸或较小抛射危险,或两者兼有、但无整体爆炸危险的物质和物品		
	无重大危险的爆炸物质和物品		
压缩气体和液化气体	易燃气体	爆炸下限 < 10%	乙炔、氢、液化石油气、天然气、甲烷、石油气等
		爆炸下限 ≥ 10%	氨气、乙炔等
	不燃气体		氧气、氮气、氩、二氧化碳、氦等
	有毒气体		一氧化碳、一氧化氮、硫化氢、二氧化硫、氯气、化学毒气、芥子气等

续表

类别名称	子项名称	判别条件	典型物质名称
易燃液体	低闪点液体	闪点 < 28℃	汽油、丙烯、石脑油、甲苯、乙醚等
	中闪点液体	28℃≤闪点 < 60℃	煤油、松节油、丁醚、樟脑油等
	高闪点液体		
易燃固体、自燃物品和遇湿易燃物品	易燃固体	（1）多数有机高分子材料；（2）部分无机物	硫黄、金属钠、钾碳粉
	自燃物品		白磷、煤、浸油物、硝化棉、金属硫化物等
	遇湿易燃物品		赤磷、五硫化磷、硝化沥青、锰粉、生松香等
氧化剂和有机过氧化物	氧化剂		
	有机过氧化物		
毒害品和感染性物品	剧毒品		氰化钠(溶液)、碳酰氯等
	有毒品		三氟化砷、丙烯醛、硫化氢、一氧化碳等
	有害品		苯、苯酚、苯肼、二氧化硫等
放射性物品			
腐蚀品	酸性腐蚀品		
	碱性腐蚀品		
	其他腐蚀品		

二、危险化工工艺分解

根据《国家安全监管总局关于公布首批重点监管的危险化工工艺目录的通知》（安监总管三〔2009〕116号）、《国家安全监管总局关于公布第二批重点监管危险化工工艺目录和调整首批重点监管危险化工工艺中部分典型工艺的通知安监总管三〔2013〕3号》，进行危险化工工艺分解，见表3-10。

判别危险工艺的条件为：

（1）所用的原料大多具有燃爆危险性。

（2）在储运、使用过程中发生泄漏后，易造成大面积污染、中毒事故。

（3）反应介质具有燃爆危险性。

（4）易造成设备和管线泄漏使人员发生中毒事故。

表 3–10 危险化工工艺目录

序号	首批重点监管的危险化工工艺	第二批重点监管的危险化工工艺目录	
1	光气及光气化工艺(异氰酸酯的制备)	新型煤化工工艺	煤制油(甲醇制汽油、费—托合成油)
2	电解工艺(氯碱)		煤制烯烃(甲醇制烯烃)
3	氯化工艺(次氯酸、次氯酸钠或 N–氯代丁二酰亚胺与胺反应制备 N–氯化物、氯化亚砜作为氯化剂制备氯化物)		煤制二甲醚
4	硝化工艺(硝酸胍、硝基胍的制备;浓硝酸、亚硝酸钠和甲醇制备亚硝酸甲酯)		煤制甲烷气(煤气甲烷化)
5	合成氨工艺	电石生产工艺	
6	裂解(裂化)工艺	偶氮化工艺	
7	氟化工艺(三氟化硼的制备)		
8	加氢工艺		
9	重氮化工艺		
10	氧化工艺(克劳斯法气体脱硫;一氧化氮、氧气和甲(乙)醇制备亚硝酸甲(乙)酯;以双氧水或有机过氧化物为氧化剂生产环氧丙烷、环氧氯丙烷)		
11	过氧化工艺(叔丁醇与双氧水制备叔丁基过氧化氢)		
12	胺基化工艺(氯氨法生产甲基肼)		
13	磺化工艺		
14	聚合工艺(涉及涂料、黏合剂、油漆等产品的常压条件生产工艺不再列入)		
15	烷基化工艺		

表 3–11 和表 3–12 为第二批重点监管危险化工工艺重点监控参数、安全控制基本要求及推荐的控制方案。

表 3–11 新型煤化工工艺

反应类型	放热反应	重点监控单元	煤气化炉
工艺简介			

以煤为原料,经化学加工使煤直接或者间接转化为气体、液体和固体燃料、化工原料或化学品的工艺过程。主要包括煤制油(甲醇制汽油、费—托合成油)、煤制烯烃(甲醇制烯烃)、煤制二甲醚、煤制乙二醇(合成气制乙二醇)、煤制甲烷气(煤气甲烷化)、煤制甲醇、甲醇制醋酸等工艺。

续表

反应类型	放热反应	重点监控单元	煤气化炉
工艺危险特点			
（1）反应介质涉及一氧化碳、氢气、甲烷、乙烯、丙烯等易燃气体,具有燃爆危险性。 （2）反应过程多为高温、高压过程,易发生工艺介质泄漏,引发火灾、爆炸和一氧化碳中毒事故。 （3）反应过程可能形成爆炸性混合气体。 （4）多数煤化工新工艺反应速度快,放热量大,造成反应失控。 （5）反应中间产物不稳定,易造成分解爆炸			
典型工艺			
煤制油（甲醇制汽油、费—托合成油）；煤制烯烃（甲醇制烯烃）；煤制二甲醚；煤制乙二醇（合成气制乙二醇）；煤制甲烷气（煤气甲烷化）；煤制甲醇；甲醇制醋酸			
重点监控工艺参数			
反应器温度和压力；反应物料的比例控制；料位；液位；进料介质温度、压力与流量；氧含量；外取热器蒸汽温度与压力；风压和风温；烟气压力与温度；压降；H_2/CO 比；NO/O_2 比；$NO/$醇比；H_2、H_2S、CO_2 含量等			
安全控制的基本要求			
反应器温度、压力报警与连锁；进料介质流量控制与连锁；反应系统紧急切断进料连锁；料位控制回路；液位控制回路；H_2/CO 比例控制与连锁；NO/O_2 比例控制与连锁；外取热器蒸汽热水泵连锁；主风流量连锁；可燃和有毒气体检测报警装置；紧急冷却系统；安全泄放系统			
宜采用的控制方式			
将进料流量、外取热蒸汽流量、外取热蒸汽包液位、H_2/CO 比例与反应器进料系统设立连锁关系,一旦发生异常工况启动连锁,紧急切断所有进料,开启事故蒸汽阀或氮气阀,迅速置换反应器内物料,并将反应器进行冷却、降温。安全设施,包括安全阀、防爆膜、紧急切断阀及紧急排放系统等			

表 3-12　电石生产工艺表

反应类型	吸热反应	重点监控单元	电石炉
工艺简介			
电石生产工艺是以石灰和碳素材料（焦炭、兰炭、石油焦、冶金焦、白煤等）为原料,在电石炉内依靠电弧热和电阻热在高温进行反应,生成电石的工艺过程。电石炉炉型主要分为两种：内燃型和全密闭型			
工艺危险特点			
（1）电石炉工艺操作具有火灾、爆炸、烧伤、中毒、触电等危险性。 （2）电石遇水会发生激烈反应,生成乙炔气体,具有燃爆危险性。 （3）电石的冷却、破碎过程具有人身伤害、烫伤等危险性。 （4）反应产物一氧化碳有毒,与空气混合到 12.5%～74% 时会引起燃烧和爆炸。 （5）生产中漏糊造成电极软断时,会使炉气出口温度突然升高,炉内压力突然增大,造成严重的爆炸事故			
典型工艺			
石灰和碳素材料（焦炭、兰炭、石油焦、冶金焦、白煤等）反应制备电石			

续表

反应类型	吸热反应	重点监控单元	电石炉
重点监控工艺参数			
炉气温度;炉气压力;料仓料位;电极压放量;一次电流;一次电压;电极电流;电极电压;有功功率;冷却水温度、压力;液压箱油位、温度;变压器温度;净化过滤器入口温度、炉气组分分析等			
安全控制的基本要求			
设置紧急停炉按钮;电炉运行平台和电极压放视频监控、输送系统视频监控和启停现场声音报警;原料称重和输送系统控制;电石炉炉压调节、控制;电极升降控制;电极压放控制;液压泵站控制;炉气组分在线检测、报警和连锁;可燃和有毒气体检测和声光报警装置;设置紧急停车按钮等			
宜采用的控制方式			
将炉气压力、净化总阀与放散阀形成连锁关系;将炉气组分氢、氧含量高与净化系统形成连锁关系;将料仓超料位、氢含量与停炉形成连锁关系。 安全设施,包括安全阀、重力泄压阀、紧急放空阀、防爆膜等			

三、重大危险源贮藏空间分解

根据《关于开展重大危险源监督管理工作的指导意见》(安监管协调字[2004]56号)附件1和GB 13690—2009《化学品分类和危险性公示 通则》,编制重大危险源贮藏空间划分表,见表3-13。

表3-13 重大危险源贮藏空间划分表

类别名称	划分名称	判别条件	典型物质名称
易燃、易爆、有毒物质的贮罐区(贮罐)	易燃液体	闪点<28℃	汽油、丙烯、石脑油等
		28℃≤闪点<60℃	煤油、松节油、丁醚等
	可燃气体	爆炸下限<10%	乙炔、氢、液化石油气等
		爆炸下限≥10%	氨气等
	毒性物质*	剧毒品	氰化钠(溶液)、碳酰氯等
		有毒品	三氟化砷、丙烯醛等
		有害品	苯酚、苯肼等
易燃、易爆、有毒物质的库区(库)	民用爆破器材	起爆器材*	雷管、导爆管等
		工业炸药	铵梯炸药、乳化炸药等
		爆炸危险原材料	硝酸铵等
	烟火剂、烟花爆竹		黑火药、烟火药、爆竹、烟花等

续表

类别名称	划分名称	判别条件	典型物质名称
易燃、易爆、有毒物质的库区（库）	易燃液体	闪点 < 28℃	汽油、丙烯、石脑油等
		28℃≤闪点 < 60℃	煤油、松节油、丁醚等
	可燃气体	爆炸下限 < 10%	乙炔、氢、液化石油气等
		爆炸下限 ≥ 10%	氨气等
	毒性物质	剧毒品	氰化钠(溶液)、碳酰氯等
		有毒品	三氟化砷、丙烯醛等
		有害品	苯酚、苯肼等
具有火灾、爆炸、中毒危险的生产场所	民用爆破器材	起爆器材	雷管、导爆管等
		工业炸药	铵梯炸药、乳化炸药等
		爆炸危险原材料	硝酸铵等
	烟火剂、烟花爆竹		黑火药、烟火药、爆竹、烟花等
	易燃液体	闪点 < 28℃	汽油、丙烯、石脑油等
		28℃≤闪点 < 60℃	煤油、松节油、丁醚等
	可燃气体	爆炸下限 < 10%	乙炔、氢、液化石油气等
		爆炸下限 ≥ 10%	氨气等
	毒性物质	剧毒品	氰化钾、乙撑亚胺、碳酰氯等
		有毒品	三氟化砷、丙烯醛等
		有害品	苯酚、苯肼等
压力管道	长输管道	设计压力大于 1.6 MPa	输送有毒、可燃、易爆气体的管道
		输送距离大于或等于 200 km 且管道公称直径 ≥ 300 mm	输送有毒、可燃、易爆液体介质的管道
	公用管道	公称直径 ≥ 200 mm	中压和高压燃气管道
	工业管道	公称直径 ≥ 100 mm	输送毒性程度为极度、高度危害气体、液化气体介质的管道
		公称直径 ≥ 100 mm,设计压力 ≥ 4 MPa	输送极度、高度危害液体介质,GB 50160《石油化工企业设计防火规范》及 GB 50016《建筑设计防火规范》中规定的火灾危险性为甲、乙类可燃气体,或甲类可燃液体介质的管道
		公称直径 ≥ 100 mm,设计压力 ≥ 4 MPa,设计温度 ≥ 400℃	输送其他可燃、有毒流体介质的管道

续表

类别名称	划分名称	判别条件	典型物质名称
锅炉	蒸汽锅炉	额定蒸汽压力大于2.5MPa,且额定蒸发量大于或等于10 t/h	
		额定出水温度大于或等于120℃,且额定功率大于或等于14 MW	热水锅炉
压力容器	压力容器	三类压力容器	介质毒性程度为极度、高度或中度危害的压力容器
		最高工作压力≥0.1MPa,且 $PV \geq 100\ MPa \cdot m^3$	易燃介质的压力容器(群)

* 毒性物质分级见《关于开展重大危险源监督管理工作的指导意见》(安监管协调字〔2004〕56号)附件1中表2。

第四章　风险目录信息收集

油气长输管道是天然气、原油和成品油长距离连续运输所依附的系统,其不需要常规的运输工具和设备,即可迅速、有效、大规模地将天然气、原油和成品油运输到目的地。目前,油气长输管道输配系统已由单油气源、单管不加压的输送方式演变为多油气源、多管、多个加压站输送,生产运行工艺更加复杂。天然气、原油和成品油的产供销是由采气、采油、净化、输油气和供油气等环节组成的,长输管道作为这个系统的中间环节,必须协调好上下游的关系,而且操作管理较为复杂,并担负着城市或地区的供油气任务,涉及国计民生,一旦发生事故将造成很大的经济损失和社会影响,因此必须保证其安全平稳、连续可靠运行。

由于危险有害因素的潜在危险性、存在条件和触发因素三大属性的影响,且危险有害因素存在的环境的复杂性,有时,即使同一能量物质或载体对象在不同的环境或体系条件下,围绕其形成的危险有害因素也会存在差别,为危险有害因素的辨识带来了困难,而危险有害因素的辨识又是企业风险管理的最基础工作。因此,危险有害因素的辨识是一项长期的、持续改进的工作。特别是现实风险管理过程中的危险有害因素辨识又专指那些可能诱发能量物质或载体意外释放能量的因素。那些不具有能量的危险有害因素平时不会造成危害,却是引发危险有害因素变为事故触发因素的质变诱发者。

第一节　危害因素识别

一、危害因素辨识基础定义

根据 GB/T 23694—2013《风险管理　术语》、GB/T 19000—2016《质量管理体系　基础和术语》、GB/T 15236—2008《职业安全卫生术语》、GB/T 15706—2012《机械安全　设计通则　风险评估与风险减小》、GB/T 4776—2008《电气安全术语》和 SY/T 6455—2010《陆上石油工业安全词汇》,结合现场生产管理实际和风险分析的需要,给出危险因素辨识方面相关词汇的定义。

因素:决定事故事件发生的起因或条件。

危险(源):可能导致破坏、伤害或失效的状态、潜在根源或行为,即可能产生潜在损失的征兆。

危险有害因素:可能导致人身伤害或疾病、财产损失、管理失序、工作环境破坏或这些情况组合的根源、状态或行为(引起事故事件的起因)。

状态:人或事物表现出来的形态,也指由一组物理量来表征的物质系统所处的状况。

可能产生后果：因危险有害因素失限可能引起的事故事件状态或结果。

风险：发生危险有害因素暴露的可能性，与随之引发的人身伤害或疾病、财产损失、管理失效、工作环境破坏或这些情况结合的严重性组合。

隐患：任何直接或间接导致伤害或疾病、财产损失、工作场所环境破坏或其组合的对工作标准、实务、程序、法规、管理体系绩效等的偏离，即潜在的发生偏差的变化。

事故：人们在进行有目的的活动过程中，突然发生的违反人们意愿，并可能使活动发生暂时性或永久性中止，造成人员伤亡或（和）财产损失的意外事件。事故具有突发性和事态严重性的特征。

事件：特定情况的发生，包括事故和未遂事件。

概率：某一事件发生的可能程度。

风险准则：评价风险严重性的依据。

系统：为完成某一目的、由相互关联或相互作用的若干因素构成的、具有特定功能的有机整体。

功能：具有完成某项特定目的、任务或作用的属性。

功能件：由一些零部件构成，具有独立功能的组合体。

模块：为完成系统某一特定功能的若干相互连接的组件组合的通用标准单元硬件。

组件：由两个以上零件构成，在子系统中保持特定性能，即模块某一简单功能的执行机构。如开关阀门、调节阀门、泄压阀门等（参考 SY/T 6635—2005《管道系统组件检验推荐作法》）。

零件：不能进一步分解的单个部件，具有设计规定的性能。

二、危险有害因素辨识原则

危险有害因素辨识原则有如下几条。

（1）应全面系统地进行危险有害因素辨识。要说明和分析危险有害因素分布；为有效便捷地进行分析，防止泄漏，宜按选择、平面布局、构建（筑）物、危险化学品、生产工艺及设备、辅助生产设施（公用工程）、作业环境七个单元分别分析其存在的危险有害因素，列表登记、综合归纳。对系统进行全面剖析，分清主要危险有害因素与其他因素的关系，要说明和分析主要危险有害因素对导致事故发生条件的直接原因，诱导原因要重点分析，从而确定评价目标、评价重点，为划分评价单元、选择评价方法和采取控制措施提供基础保障。

（2）应科学客观地进行危险有害因素辨识。要求以科学的安全技术与理论为指导，要说明和分析危害方式和途径。主要依据辨识对象的划分，然后参照相关技术管理标准规范、技术与作业指导书等查找可能的危险有害因素。其中，危险有害因素的描述要满足技术术语命名的要求和习惯叫法。

（3）应带预测性地进行危险有害因素辨识。不能遗漏重大危险有害因素的辨识，不仅要分析生产运输、操作时的危险有害因素，更重要的是分析设备、装置破坏及操作失误时能产生严重后果的危险有害因素,要采取模拟分析预测导致恶性事故的危险有害因素存在的部位。

三、危险有害因素辨识范围

根据 SY/T 6631—2005《危害辨识、风险评价和风险控制推荐作法》,组织应系统地确定危害因素及其影响,其范围应包括生产经营活动的全时段、全过程和全方位。确定过程中应考虑到以下情况。

（1）常规和非常规活动。

（2）所有进入工作场所的人员（包括合同方和访问者）的活动。

（3）工作场所的设施（无论由本组织还是由外界所提供）。

（4）组织与相关方的相互影响。

（5）气候、地理环境及其他外部的自然灾害。

（6）以往活动遗留下来的潜在危害和影响。

（一）危险有害因素类型

1. 划分原则

（1）符合法律法规、标准规范和规章制度的要求,有利于与之形成对应关系。

（2）符合行业、企业、区域、对象的基本属性,管理区域相对独立、自成体系,有利于管控措施的编制、管理任务的分配。

（3）依据企业生产性质、规模和选址条件。

（4）依据企业所在地的环境特征（自然环境特点、环境敏感程度、环境质量现状和社会经济状况等）。

（5）管理区域相对独立,自成体系,有利于管控措施的编制、管理任务的分配。

（6）依据生产经营的安全环境功能区划分原则。

（7）依据现有安全环境评价技术方法。

（8）便于从人、机、料、法、环和测六个方面进行归类。

2. 参考不同的标准进行划分

（1）根据 GB/T 13861—2009《生产过程危险和有害因素分类与代码》,按导致事故事件的直接原因对危险有害因素进行划分。首先将危险有害因素分为人的因素、物的因素、环境因素和管理因素四大类。其次再根据危险有害因素的构成成分进行逐级细分。每一大类下面又进行递进分解为中类、小类和细类,且进行编码。其中,中类是大类所包含的问题类型,小类是中类所包含的问题表现,细类是小类问题表现的具体部位。该标准适用于各行业在规划、设计和组织生产时对危险有害因素进行预测、预防、辨识、分析和信息的处理与交换。通用生产过程危险有害因素划分见表 4-1。

表 4-1 通用生产过程危险有害因素划分表

大类	中类	小类	细类
人的因素	心理、生理性危险有害因素	负荷超限	体力负荷超限
			听力负荷超限
			视力负荷超限
			其他负荷超限
		健康状况异常	
		从事禁忌作业	
		心理异常	情绪异常
			冒险心理
			过度紧张
			其他心理异常
		辨识功能缺陷	感知延迟
			辨识错误
			其他辨识功能缺陷
	行为性危险有害因素	指挥错误	指挥失误
			违章指挥
			其他指挥错误
		操作错误	误操作
			违章操作
			其他操作错误
		监护失误	
		其他行为性危险和有害因素	
物的因素	物理性危险和有害因素	设备、设施、工具、附件缺陷	强度不够
			刚度不够
			稳定性差
			密封不良
			耐腐蚀性差
			应力集中
			外形缺陷

续表

大类	中类	小类	细类
物的因素	物理性危险和有害因素	设备、设施、工具、附件缺陷	外露运动件
			操纵器缺陷
			制动器缺陷
			控制器缺陷
			其他设备、设施、工具附件缺陷
		防护缺陷	无防护
			防护装置、设施缺陷
			防护不当
			支撑不当
			防护距离不够
			其他防护缺陷
		电伤害	带电部位裸露
			漏电
			静电和杂散电流
			电火花
			其他电伤害
		噪声	机械性噪声
			电磁性噪声
			流体动力性噪声
			其他噪声
		振动危害	机械性振动
			电磁性振动
			流体动力性振动
			其他振动
		电离辐射	外照射放射
			内照射放射

续表

大类	中类	小类	细类
物的因素	物理性危险和有害因素	非电离辐射	紫外辐射
			激光辐射
			微波辐射
			超高频辐射
			高频电磁场
			工频电场
		运动物伤害	抛射物
			飞溅物
			坠落物
			反弹物
			土、岩滑动
			料堆(垛)滑动
			气流卷动
			其他运动物伤害
		明火	
		高温物质	高温气体
			高温液体
			高温固体
			其他高温物质
		低温物质	低温气体
			低温液体
			低温固体
			其他低温物质
		信号缺陷	无信号设施
			信号选用不当
			信号位置不当
			信号不清
			信号显示不准
			其他信号缺陷

续表

大类	中类	小类	细类
物的因素	物理性危险和有害因素	标志缺陷	无标志
			标志不清晰
			标志不规范
			标志选用不当
			标志位置缺陷
			其他标志缺陷
		有害光照	
		其他物理性危险和有害因素	
	化学性危险和有害因素	爆炸品	
		压缩气体和液化气体	
		易燃液体	
		易燃固体、自燃物品和遇湿易燃物品	
		氧化剂和有机过氧化物	
		有毒物品	
		放射性物品	
		腐蚀品	
		粉尘与气溶胶	
		其他化学性危险和有害因素	
	生物性危险和有害因素	致病微生物	细菌
			病毒
			真菌
			其他致病微生物
		传染病媒介物	
		致害动物	
		致害植物	
		其他生物性危险和有害因素	

续表

大类	中类	小类	细类
环境因素	室内作业环境不良	室内地面湿滑	
		室内作业场所狭窄	
		室内作业场所杂乱	
		室内地面不平	
		室内楼梯缺陷	
		地面、墙和天花板上的开口缺陷	
		房屋基础下沉	
		室内安全通道缺陷	
		房屋安全出口缺陷	
		采光不良	
		作业场所空气不良	
		室内温度、湿度、气压不适	
		室内给排水不良	
		室内涌水	
		其他室内作业场所环境不良	
	室外作业场地环境不良	恶劣气候与环境	
		作业场地和交通设施湿滑	
		作业场地狭窄	
		作业场地杂乱	
		作业场地不平	
		巷道狭窄、有暗礁或险滩	
		脚手架、阶梯或活动梯架缺陷	
		地面开口缺陷	
		建筑物和其他结构缺陷	
		门和围栏缺陷	
		作业场地基础下沉	
		作业场地安全通道缺陷	
		作业场地安全出口缺陷	
		作业场地光照不良	

续表

大类	中类	小类	细类
环境因素	室外作业场地环境不良	作业场地空气不良	
		作业场地温度、湿度、气压不适	
		作业场地涌水	
		其他室外作业场地环境不良	
	地下(含水下)作业环境不良	隧道/矿井顶面缺陷	
		隧道/矿井正面或侧壁缺陷	
		隧道/矿井地面缺陷	
		地下作业面空气不良	
		地下火	
		冲击地压	
		地下水	
		水下作业供氧不足	
		其他地下(水下)作业环境不良	
	其他作业环境不良	强迫体位	
		综合性作业环境不良	
		以上未包括的其他作业环境不良	
管理因素	职业安全卫生组织机构不健全		
	职业安全卫生责任制未落实		
	职业安全卫生管理规章制度不完善	建设项目"三同时"制度未落实	
		操作规程不规范	
		事故应急预案及响应缺陷	
		培训制度不完善	
		其他职业安全卫生管理规章制度不健全	
	职业安全卫生投入不足		
	职业健康管理不完善		
	其他管理因素缺陷		

（2）根据 GB 6441—1986《企业职工伤亡事故分类》，对危险有害因素按起因物、致害物和伤害方式等进行划分，见表 4-2。

表 4-2　企业通用危险有害因素划分表

大类	中类	小类	细类
人的因素	操作错误,忽视安全,忽视警告	未经许可开动、关停、移动机器	
		开动、关停机器时未给信号	
		开关未锁紧,造成意外转动、通电或泄漏等	
		忘记关闭设备	
		忽视警告标志、警告信号	
		操作错误（指按钮、阀门、扳手、把柄等的操作）	
		奔跑作业	
		供料或送料速度过快	
		机械超速运转	
		违章驾驶机动车	
		酒后作业	
		客货混载	
		冲压机作业时,手伸进冲压模	
		工件紧固不牢	
		用压缩空气吹铁屑	
		其他	
	造成安全装置失效	拆除了安全装置	
		安全装置堵塞,失掉了作用	
		调整的错误造成安全装置失效	
		其他	
	使用不安全设备	临时使用不牢固的设施	
		使用无安全装置的设备	
		其他	
	手代替工具操作	用手代替手动工具	
		用手清除切屑	
		不用夹具固定,用手拿工件进行机加工	

续表

大类	中类	小类	细类
人的因素	物体存放不当	物体指成品、半成品、材料、工具、切屑和生产用品等	
	冒险进入危险场所	冒险进入涵洞	
		接近漏料处（无安全设施）	
		采伐、集材、运材、装车时，未离危险区	
		未经安全监察人员允许进入油罐或井中	
		未"敲帮问顶"开始作业	
		冒进信号	
		调车场超速上下车	
		易燃易爆场合明火	
		私自搭乘矿车	
		在绞车道行走	
		未及时瞭望	
	攀坐不安全位置	不安全位置（如平台护栏、汽车挡板、吊车吊钩）	
	在起吊物下作业、停留		
	机器运转时加油、修理、检查、调整、焊接、清扫等工作		
	有分散注意力行为		
	在必须使用个人防护用品用具的作业或场合中，忽视其使用	未戴护目镜或面罩	
		未戴防护手套	
		未穿安全鞋	
		未戴安全帽	
		未佩戴呼吸护具	
		未佩戴安全带	
		未戴工作帽	
		其他	

续表

大类	中类	小类	细类
人的因素	不安全装束	在有旋转零部件的设备旁作业穿过肥大服装	
		操纵带有旋转零部件的设备时戴手套	
		其他	
	对易燃、易爆等危险物品处理错误		
物的因素	防护、保险、信号等装置缺乏或有缺陷	无防护	无防护罩
			无安全保险装置
			无报警装置
			无安全标志
			无护栏或护栏损坏
			电气未接地
			绝缘不良
			风扇无消音系统、噪声大
			危房内作业
			未安装防止"跑车"的挡车器或挡车栏
			其他
		防护不当	防护罩未在适当位置
			防护装置调整不当
			坑道掘进、隧道开凿支撑不当
			防爆装置不当
			采伐、集材作业安全距离不够
			放炮作业隐蔽所有缺陷
			电气装置带电部分裸露
			其他
	设备、设施、工具、附件有缺陷	设计不当,结构不合安全要求	通道门遮挡视线
			制动装置有缺欠
			安全间距不够
			拦车网有缺欠

续表

大类	中类	小类	细类
物的因素	设备、设施、工具、附件有缺陷	设计不当,结构不合安全要求	工件有锋利毛刺、毛边
			设施上有锋利倒棱
			其他
		强度不够	机械强度不够
			绝缘强度不够
			起吊重物的绳索不合安全要求
			其他
		设备在非正常状态下运行	设备带"病"运转
			超负荷运转
			其他
		维修、调整不良	设备失修
			地面不平
			保养不当、设备失灵
			其他
	个人防护用品用具——防护服、手套、护目镜及面罩、呼吸器官护具、听力护具、安全带、安全帽、安全鞋等缺少或有缺陷	无个人防护用品、用具	
		所用的防护用品、用具不符合安全要求	
环境因素	生产(施工)场地环境不良	照明光线不良	照度不足
			作业场地烟雾尘弥漫、视物不清
			光线过强
		通风不良	无通风
			通风系统效率低
			风流短路
			停电、停风时放炮作业
			瓦斯排放未达到安全浓度放炮作业
			瓦斯超限
			其他

续表

大类	中类	小类	细类
环境因素	生产(施工)场地环境不良	作业场所狭窄	
		作业场地杂乱	工具、制品、材料堆放不安全
			采伐时,未开"安全道"
			"迎门树"、"坐殿树"、"搭挂树"未作处理
			其他
		交通线路的配置不安全	
		操作工序设计或配置不安全	
		地面滑	地面有油或其他液体
			冰雪覆盖
			地面有其他易滑物
		贮存方法不安全	
		环境温度、湿度不当	

（3）将 GB 6441—1986《企业职工伤亡事故分类》和 GB/T 13861—2009《生产过程危险和有害因素分类与代码》对危险有害因素的划分结果进行合并,见表 4-3。

表 4-3 两个标准合成的危险有害因素划分表

大类	中类	小类	细类	亚细类
人的因素	心理、生理性危险有害因素	负荷超限	体力负荷超限	
			听力负荷超限	
			视力负荷超限	
			其他负荷超限	
		健康状况异常		
		从事禁忌作业		
		心理异常	情绪异常	
			冒险心理	
			过度紧张	
			其他心理异常	

续表

大类	中类	小类	细类	亚细类
人的因素	心理、生理性危险有害因素	辨识功能缺陷	感知延迟	
			判断错误	
			观察错误	
			辨识错误	
			其他辨识功能缺陷	
	行为性危险有害因素	指挥错误	指挥失误	
			违章指挥	
			其他指挥错误	
		缺乏现场检查指导		
		操作错误	误操作	操作不当
			违章操作	
			其他操作错误	未经许可开动、关停、移动机器
				开动、关停机器时未给信号
				开关未锁紧,造成意外转动、通电或泄漏等
				忘记关闭设备
				忽视警告标志、警告信号
				操作错误(指按钮、阀门、扳手、把柄等的操作)
				奔跑作业
				供料或送料速度过快
				机械超速运转
				违章驾驶机动车
				酒后作业
				客货混载
				不懂操作技术和知识
				不正确使用安全工、用具
				不验电、不接地

续表

大类	中类	小类	细类	亚细类
人的因素	行为性危险有害因素	操作错误	其他操作错误	冲压机作业时,手伸进冲压模
				工件紧固不牢
				用压缩空气吹铁屑
				其他
		监护失误	缺乏监护	
			监护不当	
		违反规定		
		违反劳动纪律		
		其他行为性危险和有害因素	造成安全装置失效	拆除了安全装置
				安全装置堵塞,失掉了作用
				调整的错误造成安全装置失效
				其他
			使用不安全设备	临时使用不牢固的设施
				使用无安全装置的设备
				其他
			手代替工具操作	用手代替手动工具
				用手清除切屑
				不用夹具固定,用手拿工件进行机加工
			物体存放不当	物体指成品、半成品、材料、工具、切屑和生产用品等
			冒险进入危险场所	冒险进入涵洞
				接近漏料处(无安全设施)
				采伐、集材、运材、装车时,未离危险区
				未经安全监察人员允许进入油罐或井中
				未"敲帮问顶"开始作业
				冒进信号
				调车场超速上下车
				易燃易爆场合明火

续表

大类	中类	小类	细类	亚细类
人的因素	行为性危险有害因素	其他行为性危险和有害因素	冒险进入危险场所	私自搭乘矿车
				在绞车道行走
				未及时瞭望
			攀坐不安全位置	不安全位置(如平台护栏、汽车挡板、吊车吊钩)
			在起吊物下作业、停留	
			机器运转时加油、修理、检查、调整、焊接、清扫等工作	
			主观过失	
			有分散注意力行为	疏忽大意
			在必须使用个人防护用品用具的作业或场合中,忽视其使用	未戴护目镜或面罩
				未戴防护手套
				未穿安全鞋
				未戴安全帽
				未佩戴呼吸护具
				未佩戴安全带
				未戴工作帽
				其他
			不安全装束	在有旋转零部件的设备旁作业穿过肥大服装
				操纵带有旋转零部件的设备时戴手套
				其他
			对易燃、易爆等危险物品处理错误	
物的因素	物理性危险和有害因素	设备、设施、工具、附件缺陷	设计不当,结构不合安全要求	通道门遮挡视线
				制动装置有缺欠
				安全间距不够
				拦车网有缺欠
				工件有锋利毛刺、毛边
				设施上有锋利倒棱
				其他

续表

大类	中类	小类	细类	亚细类
物的因素	物理性危险和有害因素	设备、设施、工具、附件缺陷	强度不够	机械强度不够
				绝缘强度不够
				起吊重物的绳索不合安全要求
				其他
			刚度不够	
			稳定性差	
			密封不良	
			耐腐蚀性差	
			应力集中	
			紧固件缺陷	
			外形缺陷	
			外露运动件	
			操纵器缺陷	
			制动器缺陷	
			控制器缺陷	
			设备在非正常状态下运行	设备带"病"运转
				超负荷运转
				其他
			维修、调整不良	设备失修
				地面不平
				保养不当、设备失灵
				其他
			其他设备、设施、工具附件缺陷	
		防护缺陷	无防护	无防护罩
				无安全保险装置
				无报警装置
				无安全标志
				无护栏或护栏损坏
				（电气）未接地

续表

大类	中类	小类	细类	亚细类
物的因素	物理性危险和有害因素	防护缺陷	无防护	绝缘不良
				风扇无消音系统、噪声大
				危房内作业
				未安装防止"跑车"的挡车器或挡车栏
				其他
			防护装置、设施缺陷	
			防护不当	防护罩未在适当位置
				防护装置调整不当
				坑道掘进、隧道开凿支撑不当
				防爆装置不当
				采伐、集材作业安全距离不够
				放炮作业隐蔽所有缺陷
				电气装置带电部分裸露
				其他
			支撑不当	
			防护距离不够	
			个人防护用品用具——防护服、手套、护目镜及面罩、呼吸器官护具、听力护具、安全带、安全帽、安全鞋等缺少或有缺陷	无个人防护用品、用具
				所用的防护用品、用具不符合安全要求
			其他防护缺陷	
		电伤害	带电部位裸露	
			电弧	
			触电	
			电击	误送电
				未验电
				验电器失效
				未接地
				安全间距不足

续表

大类	中类	小类	细类	亚细类
物的因素	物理性危险和有害因素	电伤害	漏电	
			静电和杂散电流	
			跨步电压	
			感应电压	
			电火花	
			其他电伤害	
		噪声	机械性噪声	
			电磁性噪声	
			流体动力性噪声	
			其他噪声	
		振动危害	机械性振动	
			电磁性振动	
			流体动力性振动	
			其他振动危害	
		电离辐射		由X光机、伽马射线仪或放射性物质产生
		非电离辐射	紫外辐射	
			激光辐射	
			微波辐射	
			超高频辐射	
			高频电磁场	
			工频电场	
		运动物伤害	抛射物	
			飞溅物	
			坠落物	
			反弹物	
			土、岩滑动	
			料堆(垛)滑动	
			气流卷动	
			其他运动物伤害	

续表

大类	中类	小类	细类	亚细类
物的因素	物理性危险和有害因素	明火		
		高温物质	高温气体	
			高温液体	
			高温固体	
			其他高温物质	
		低温物质	低温气体	
			低温液体	
			低温固体	
			其他低温物质	
		信号缺陷	无信号设施	
			信号设施有缺陷	
			信号选用不当	
			信号位置不当	
			信号不清	
			信号显示不准	
			其他信号缺陷	
		标志缺陷	无标志	
			标志不清晰	
			标志不规范	
			标志选用不当	
			标志位置缺陷	
			其他标志缺陷	
		有害光照		
		其他物理性危险和有害因素		
	化学性危险和有害因素	爆炸品		
		压缩气体和液化气体		
		易燃液体		

续表

大类	中类	小类	细类	亚细类
物的因素	化学性危险和有害因素	易燃固体、自燃物品和遇湿易燃物品		
		氧化剂和有机过氧化物		
		有毒物品		
		放射性物品		
		腐蚀品		
		粉尘与气溶胶	生产性粉尘	
			有机粉尘	
			无机粉尘	金属粉尘
		其他化学性危险和有害因素		
	生物性危险和有害因素	致病微生物	细菌	
			病毒	
			真菌	
			其他致病微生物	
		传染病媒介物		
		致害动物		
		致害植物		
		其他生物性危险和有害因素		
环境因素	室内作业环境不良	室内地面湿滑		
		室内作业场所狭窄		
		室内作业场所杂乱		
		室内地面不平		
		室内楼梯缺陷		
		地面、墙和天花板上的开口缺陷		
		房屋基础下沉		
		室内安全通道缺陷		
		房屋安全出口缺陷		

续表

大类	中类	小类	细类	亚细类
环境因素	室内作业环境不良	采光不良	照度不足	
			作业场地烟雾尘弥漫、视物不清	
			光线过强	
		作业场所空气不良		
		室内温度、湿度、气压不适		
		室内给、排水不良		
		室内涌水		
		其他室内作业场所环境不良		
	室外作业场地环境不良	恶劣气候与环境		
		作业场地和交通设施湿滑	地面有油或其他液体	
			冰雪覆盖	
			地面有其他易滑物	
		作业场地狭窄		
		作业场地杂乱	工具、制品、材料堆放不安全	
			采伐时,未开"安全道"	
			"迎门树""坐殿树""搭挂树"未作处理	
			其他	
		作业场地不平		
		巷道狭窄、有暗礁或险滩		
		脚手架、阶梯或活动梯架缺陷		
		地面开口缺陷		
		建筑物和其他结构缺陷		
		门和围栏缺陷		
		作业场地基础下沉		

续表

大类	中类	小类	细类	亚细类
环境因素	室外作业场地环境不良	作业场地安全通道缺陷	交通线路的配置不安全	
		作业场地安全出口缺陷		
		作业场地光照不良		
		作业场地空气不良	无通风	
			通风系统效率低	
			风流短路	
			停电、停风时放炮作业	
			瓦斯排放未达到安全浓度放炮作业	
			瓦斯超限	
			其他	
		作业场地温度、湿度、气压不适	环境温度、湿度不当	
		贮存方法不安全		
		作业场地涌水		
		其他室外作业场地环境不良		
	地下(含水下)作业环境不良	隧道/矿井顶面缺陷		
		隧道/矿井正面或侧壁缺陷		
		隧道/矿井地面缺陷		
		地下作业面空气不良		
		地下火		
		冲击地压		
		地下水		
		水下作业供氧不足		
		其他地下(水下)作业环境不良		

续表

大类	中类	小类	细类	亚细类
环境因素	其他作业环境不良	强迫体位		
		综合性作业环境不良	操作工序设计或配置不安全	
		以上未包括的其他作业环境不良		
管理因素	职业安全卫生组织机构不健全			
	职业安全卫生责任制未落实			
	职业安全卫生管理规章制度不完善	建设项目"三同时"制度未落实		
		操作规程不规范		
		事故应急预案及响应缺陷		
		培训制度不完善		
		其他职业安全卫生管理规章制度不健全		
	职业安全卫生投入不足			
	职业健康管理不完善			
	其他管理因素缺陷	劳动组织不合理		

（4）根据 Nicholas J.Bahr 的《系统安全工程与风险评估 实施指南》，编制出表 4-4。

表 4-4 一般设施危险检查表

领域		区域
工艺	机械	机械防护
		旋转机械
		提升设备：包括起重机、台车、铲车等
		机床
		物料装卸与运输

续表

领域		区域
工艺	机械	振动
		机械装置
		风扇
		传动装置、支撑设备、轴承、包装与密封及其他机械元件
		燃气涡轮
		蒸汽轮机
		热交换器、冷凝器及热交换塔
		核电
		空气注射器
		内燃机
		维修操作
	压力系统	液压
		压缩空气/空气系统
		压缩气体瓶/罐
		压力系统：包括卸压阀、阀门、快速分离器与其他压力元件
		锅炉
		泵
		压缩机
		真空泵、真空系统
		紧急救援
		热控制
		监测与控制
	排气系统	整体
		局部
		通风橱
		紧急排气装置
		排气系统
		洗涮与过滤系统
		再循环、移动与再扬起系统
		再生与余热发电系统

续表

领域		区域
工艺	电气	上牌挂锁
		接地/连接
		开关装置
		绝缘
		电击
		高压/低压
		动力高峰
		点火源
		静电释放
		电磁兼容性
		配线与熔断
		隔离电容器、可变电阻器、电阻器、整流器、电击板、电流接触器与继电器
		关闭/断开
		电气工具
		粗心的操作
		维护
		闪电防护
		紧急备用动力
		紧急关闭
		爆炸环境中的防爆部件
		电动机、发电机、放大器与其他设备
		电配送系统
		电池、电池组、充电与直流电配送系统
		变电所与变压器
		电子系统
	制冷与低温	深度冷却
		结冰
		热膨胀
		物料兼容性

续表

领域		区域
工艺	制冷与低温	气体液化
		制冷剂与气体
		系统控制与监测
		蒸汽—压缩循环
		吸收式制冷系统
		热电冷却
		直接膨胀系统
		盐水系统
		绝缘
		窒息剂
物料	建筑材料	原料兼容性
		可燃性
		结构完整性（尤其是屋顶、地板与墙壁充填）
		用材料的实用性
		原料的适当使用
		建造
	危险物料	易燃/可燃系统与存储
		爆炸与发火处理系统与存储区域
		有毒物质处理、储存与处置系统
		腐蚀性物品使用
		氧化剂使用
		水反应混合
		不稳定物质的处理与存储
		刺激性、窒息性、致癌性与病原体使用
		放射性物质处理、检测、储存与处置
	辐射	电离辐射系统（α粒子、β粒子、中子、X射线、γ射线）
		电离辐射探测系统
		放射性同位素控制系统与管理
		带有放射性同位素的实验室设备

续表

领域		区域
物料	辐射	核反应堆燃料系统
		非电离辐射源（激光、雷达、紫外与红外线、微波、电磁干扰、无线电频率波、高频设备）
	燃料与熔炉	燃料
		燃烧炉
		焚烧
		电炉与烤箱
	物料处理	排气与物料处置
		提升/跳/自动封锁机械
		起重机
		电梯、升降机与自动扶梯
		卷扬机
		吊索、锁链与钢索
		磁力起重机
		工矿车辆
		推土机与挖土机
		汽车卸载机械
		集装箱与货柜装货
		挖土与非公路用设备
		起重机车与托盘装载
		液面上/下操作
		头顶上空的运输
		空中运输
		搬运
		铲式与带式运输
		气压运输
		自动测量
		溢出控制与封堵
		排气与通风装置

续表

领域		区域
环境	一般厂房布置	危险操作的场所
		加工车间的位置
		实验室与测试设施场所
		办公室场所
		危险物料的处理与储存场所
		应急系统
		操作兼容性
		存储区
		装货区
		废弃物处理区
		火灾控制与隔离区
		公众可出入的区域
		工厂变更与翻新
	工厂设施	部分设施的控制、监测、关闭
		能自动运转的设施
		电力供应
		饮用水供应
		设施用水供应
		清洁、污物、废水/废料处理
		其他设施供应(大量天然气、石油、煤、再生与工业余热发电供应)
		传输线与输电网
		应急供电与应急无线电通信
	限制空间	隧道使用
		存储罐、储藏箱、锅炉、管道及其他密封空间
		活动地板
		真空与压力空间
	出入口	安全出口生命安全要求
		紧急情况(撤离、紧急响应)
		受限区

续表

领域	区域	
环境	出入口	警戒解除区
		操作
		残疾人
		楼梯/栏杆
		装载/卸载人、物料
		交通
	实验室	空间利用
		工作台与工作面
		化学与危险物料储存
		排水系统
		排气与通风系统
		溢出、污染与清洁
		设施
		可混合物料
		个人防护
		压力与物料处理系统
		泄漏检测与警告
		紧急防护系统
		废物产生与处置系统
	加工车间	成型过程与机械
		拉模铸造机械
		振动器
		摔砂造模机
		挤压与震实造型机械
		铸造合金
		熔化炉
		喷砂处理机械
		清洁机械、溶剂与设备
		非破坏性检查(X射线、超声波、磁力探伤法等)

续表

领域		区域
环境	加工车间	破坏性实验机械
		金属加工与金属切割操作
		热与冷加工操作
		轧制操作
		防护涂层操作
		动力压力机操作
		水压机
		落锤
		蒸汽与气锤
		平板弯曲机械
		弧线与气体焊接法
		电阻焊接
		热金属切割机械
		电渣焊
		激光焊接
		车床
		镗床
		钻孔、铰刀、螺纹与铣削机械
		研磨与抛光机械
		木材切割工具及机械
	防火	火灾/烟气探测
		警报
		自动灭火
		耐火设计
		灭火器选择与放置位置
		充分的火灾防护系统
		损失设施过程中的火灾防护
	通风	加热
		空气流通

续表

领域		区域
环境	通风	空气调节装置
		湿度
		危险物料与气体
		紧急状况下的通风
		空气中流动的微粒
		毒物
		爆炸环境
	照明	环境发射光
		紧急情况
		特殊照明
		光源
		彩色灯使用
		照明产生的热量
	声音	发声装置
		工厂噪声水平
		来自机械与其他设备过程的噪声（如气体流动系统）
		紧急状况警告系统
		超声波
	自然现象	下雨
		干旱
		洪水与滑坡
		龙卷风、飓风与地震
		雪、冰、暴风雨
		疾风
		极端的温度
管理	过程监测	过程检测
		设施监测
		压力、温度；流量、电压、电流与振动水平
		环境（空气质量、温度、湿度）

续表

领域		区域
管理	过程监测	危险物料排放到环境中
		人体健康水平
		火灾与气体监测
		危险气体与蒸汽监测
		氧气水平监测
		泄漏监测
		关键的安全子系统监测
		质量、重量与体积监测
		消费品的使用
		化学与物理属性测量
		电离辐射水平
		非电离辐射水平
		主要的自动控制
		大型计算机控制系统
		微机控制系统
		警报、通告及其他警告系统
	交流	播音系统
		紧急通信系统
		公共事务
		知情权
		人机界面
		管理层—员工关系
		书面语口头程序
		紧急操作、程序
		紧急相应团队
	文件	物料安全数据表
		培训计划
		紧急管理计划
		系统安全方案

续表

领域		区域
管理	文件	操作程序
		维护程序
		事故调查报告与跟踪
		测试程序
		化学卫生计划
		辐射控制计划
		硬件与设施配置控制计划
	操作	正常操作
		粗心的操作
		紧急操作
		培训
		换班工作
		维护（有计划的与紧急情况）
		测试
	个人安全	个人防护设备（手套、外衣、眼睛、面部与耳部防护、呼吸器）
		洗眼器与淋浴
		暴露控制系统
		急救
		报警信号系统

（5）根据 ISO 17776：2000《石油和天然气工业海上开采装置危险识别和风险评估用方法和技术指南》编制出表 4-5。

表 4-5　ISO 17776 的危险有害因素划分表

区域	危险源	常规危险	潜在影响
工作环境	火焰	CH_4	全球变暖／气候变化／大气臭氧增加
		SO_x	酸性沉降、水体酸化
		NO_x	大气臭氧增加／酸性沉降
		N_2O	全球变暖／平流层臭氧空洞／气候变化
		CO_2	全球变暖／气候变化

续表

区域	危险源	常规危险	潜在影响
工作环境	火焰	CO	健康危害
		噪声	公害/健康危害
		光	公害/健康影响
		H_2S	健康危害/恶臭公害
		气味化合物	公害/臭味
		微粒	健康危害/生态危害/烟尘沉积
		辐射	健康危害/生态危害
		热量	公害/生态危害
		痕量毒性物质—金属—PAH	生态/健康危害
产生能量的设备	涡轮；沸腾炉/加热器；燃烧室；运输(柴油、汽油)；钻井等	CH_4	全球变暖/气候变化/大气臭氧增加
		SO_x	酸性沉降、水体酸化、全球变冷
		NO_x	大气臭氧增加/酸性沉降/肥沃化
		N_2O	全球变暖/平流层臭氧空洞/气候变化
		CO_2	全球变暖/气候变化
		CO	健康危害
		噪声	公害/健康危害/野生生物危害
		光	公害/健康危害/野生生物危害
		气味化合物	公害/臭味
		微粒/灰尘	生态危害/健康危害/烟尘沉积
		辐射	生态/健康危害
		PAH	生态/健康危害
		H_2S	公害/健康危害/生态危害
		热量	健康危害/生态危害
		PCB	健康危害/生态危害
		痕量有毒物质(例如催化剂、重金属、化学物质)	健康危害/生态危害
装置排放	油轮装载；生产；卸压；乙二醇排放	CH_4	全球变暖/气候变化/大气臭氧增加
		VOC/C_nH_x	大气臭氧增加/健康危害/生态危害
		特定化学品	健康危害/生态危害

续表

区域	危险源	常规危险	潜在影响
制冷灭火器		CFC	全球变暖/气候变化/平流层臭氧空洞
		哈龙(卤代烷灭火剂)	全球变暖/气候变化/平流层臭氧空洞
难掌控装置	阀门、泵等	CH_4	全球变暖/气候变化/大气臭氧增加
		VOC/C_xH_y/特定化学品	全球变暖/气候变化/大气臭氧增加/健康危害/生态危害
水体包含物	水、水基钻井液、油基钻井液、废水、场地排水、雨水径流、采出水	油	浮层/不适合饮用水再生/鱼类污染/生物危害
		可溶性有机体/溶解的HC/BTEX	鱼类污染、对水生生物的危害
		重金属	生物体和沉积物的累积、对有机体的不利影响
		盐分	生物危害
	冷却水罐—底部水	重晶石(泥浆)、钻井液、钻屑	窒息/对海床和生物区的危害
		营养物质	富营养化
		臭味	公害
		化学品/缓蚀剂/杀虫剂/杀真菌剂	对水生生物的危害
		淡水排放	盐度下降
		悬浮固体	透明度下降,对珊瑚礁的危害,对底部有机体、再生、气息的危害
		PAH	对水生生物的危害
		润滑脂	对底部沉积的危害
		盐分/盐水	盐度升高、对水生生物的危害
		酸/腐蚀剂	对水生生物的危害
		温度变化	氧浓度的变化、对水生生物的危害、生长加快/水华
		清洁剂	富营养化/毒性
	黑水和/或灰水(污水和洗涤水)	病菌	健康危害
		缺氧症(脱氧)	生物危害
		营养物质	富营养化
		特定化学品	对水生生物的危害
		气味化合物	公害气味/臭味

续表

区域	危险源	常规危险	潜在影响
有害物质	保护性阳极	重金属	对水生生物的危害
	雷管	噪声/压力波	对水生生物的危害/防护剂
	化学品	涂料	生物性有毒物质或慢性危害/全球变暖
		溶剂	健康/生物性有毒物质或慢性危害/全球变暖
		清洁剂	生物性有毒物质或慢性危害
	受腐蚀材料	土壤沉积	窒息、生物危害
	固体/液体废弃物、医疗废弃物、用过的催化剂	危险废物、有毒物质	水污染
	家庭、食物/厨房及办公废弃物	特定的有机废弃物	水污染、对健康的危害
		病菌	
人力资源		施工和作业过程中劳动力的社会/文化背景差异、社区入侵	社会/文化影响、就业的增加/减少、对当地资源/表面区域的需求
能量需求	能量的使用	加热器/沸腾炉	能源损耗
		发电	
		汽化	
		冷却	
	用水	冷却	对湿地的危害
		工艺	地下水位下降/对水井用户的危害
			对下游用户的危害
		饮用水	
		废水	
		再充电/压力保持、不可再生原材料的使用	
	对消耗品的需求		原材料损耗

（6）根据 GB/T 15706—2012《机械安全 设计通则 风险评估与风险减小》编制出表 4-6。

表 4-6 机械安全危险类型表

序号	类型或分组	危险举例	
		危险源	潜在后果
1	机械危险	——加速、减速（动能）； ——带角零件； ——接近固定零件的运动单元； ——切割零件； ——弹性元件； ——坠落物； ——重力（贮存的能量）； ——离地高度； ——高压； ——机械移动； ——运动元件； ——旋转元件； ——粗糙表面、光滑表面； ——锐边； ——稳定性； ——真空	——碾压； ——抛出； ——挤压； ——割破（伤）或切断； ——吸入或陷入； ——缠绕； ——摩擦或磨损； ——碰撞； ——喷射； ——剪切； ——滑倒、绊倒和跌倒； ——刺穿或刺破； ——窒息
2	电气危险	——电弧； ——电磁现象； ——静电现象； ——带电零件； ——与高压带电零件之间无足够距离； ——过载； ——故障条件下带电零件； ——短路； ——热辐射	——烧伤； ——化学效应； ——医学植入物影响； ——电死； ——堕落、甩出； ——着火； ——融化颗粒的射出； ——休克
3	热危险	——爆炸； ——火焰； ——高温或低温物体或材料； ——热源辐射	——烧伤； ——脱水； ——不舒服； ——冻伤； ——热源辐射引起的伤害； ——烫伤
4	噪声危险	——气穴现象； ——排气系统； ——气体高速漏泄； ——制造过程（冲压、切割等）； ——运动零部件； ——刮擦表面； ——不平衡的旋转零部件； ——气体发出的啸声； ——磨损的零部件	——不舒服； ——失去知觉； ——失去平衡； ——永久性听觉丧失； ——情绪紧张； ——耳鸣； ——疲劳； ——其他任何由对语音传递或听觉信号干扰引起的其他后果（例如机械的、电气的）
5	振动危险	——气穴现象； ——有的零件偏离轴心； ——移动设备； ——刮擦表面； ——不平衡的旋转零件； ——振动设备； ——磨损零件	——不舒服； ——脊椎弯曲病； ——神经疾病； ——骨关节疾病； ——脊椎损伤； ——血管疾病

续表

序号	类型或分组	危险举例 危险源	危险举例 潜在后果
6	辐射危险	——离子辐射源； ——低频电磁辐射； ——光辐射（红外线，可见光和紫外线），包括激光； ——无线偏离电磁辐射	——烧伤； ——对眼睛和皮肤的伤害； ——影响生育能力； ——基因突变； ——头痛、失眠等
7	材料和物质产生的危险	——浮尘； ——生物和微生物（病毒或细菌）制剂； ——易燃物； ——粉尘； ——爆炸物； ——纤维； ——可燃物； ——流体； ——烟雾； ——气体； ——雾气； ——氧化剂	——呼吸困难、窒息； ——癌症； ——腐蚀； ——影响生育能力； ——爆炸； ——着火； ——感染； ——基因突变； ——中毒； ——过敏反应
8	人类工效学危险	——通道； ——指示器和可视显示单元的设计或位置； ——控制装置的设计、位置或识别； ——费力； ——闪烁、玄光、阴影、频闪； ——局部照明； ——精神太紧张或注意力不集中； ——姿势； ——重复活动； ——可视性	——不舒服； ——疲劳； ——肌肉、骨骼的疾病； ——紧张； ——其他任何人差错引起的后果（例如机械的、电气的）
9	与机械使用环境有关的危险	——粉尘和烟雾； ——电磁干扰； ——闪电； ——潮湿； ——污染； ——雪； ——温度； ——水； ——风； ——缺氧	——烧伤； ——轻微疾病； ——滑倒、跌落； ——窒息； ——其他任何由机械或机械零件上的危险源产生的影响
10	综合危险	——重复活动＋费力＋环境温度高	——脱水； ——失去知觉； ——中暑

（7）根据GB/T 22696.3—2008《电气设备的安全　风险评估和风险降低　第3部分：危险、危险处境和危险事件的示例》中的表2，编制成表4-7。

表 4-7 危险、危险处境和危险事件的示例

危险	举例	危险处境	危险事件	可能的伤害
电击危险	电气绝缘危险	泄漏电流太大,绝缘介质击穿,绝缘结构受潮、老化等	电气设备外壳带电	电流通过人体引发摔伤等二次事故
	直接接触危险	绝缘损坏使外壳对地带工作电压	外壳对地电压超过特低电压限值,人体中流过电流超过允许电流	电流通过人体
		外壳损坏,或破裂	潮气或水进入,使绝缘性降低或失效,造成泄漏电流过大,或外壳对地电压超过特低电压;异物进入,或人的肢体触及带电体,或运动部件	电流通过人体;电流通过人体引起人体伤害
		与电源连接错误	电源插头误插入不同等级电压的插座;电源插头的相线、中线、接地导体相互误接,导致 I 类电气设备外壳带电	电流通过人体损坏,甚至烧毁电气设备
	间接接触危险	接地故障:接地系统的连接及可靠性;接地连接的接点发生电腐蚀;接地电阻值太大;无保护接地标志;保护接地线未采用绿/黄组合色专用线绝缘结构失败,n 类电气设备错误的保护接地	I 类电气设备在绝缘失效时,外壳对地的电位升高,超过接地保护设计的故障电压值,流过外壳对地的故障电流减少,使故障电压、故障电流的切断遇到困难,甚至不动作,引起危害手持操作的 n 类电气设备的外壳带电而导致操作者遭到电击;n 类电气设备的接地会造成由于接入同一电网的电气设备发生接地故障引起的故障电压的扩散而引发正常工作的 n 类电气设备的操作者遭到电击	电流通过人体引发着火危险
着火危险	非金属材料的耐热性、阻燃性、耐漏电起痕性引发的着火	用作结构部件的非金属材料的耐热性差;支持带电零件的绝缘材料或工程塑料的耐电痕性、耐燃性差;既作结构件,又作支撑带零件的工程塑料的耐热性、耐电痕性、耐燃性差	结构部件丧失应有的机械强度;由于材料的阻燃性差,达不到耐火等级而使火焰蔓延;破坏电气设备的结构,绝缘材料丧失功能,着火且火焰蔓延	电气设备丧失功能,甚至损坏;烧毁绝缘,甚至电气设备;引发着火,燃烧散发的有害物质危及健康;电气设备丧失功能,并着火
	导电联结接触不良引发着火	由于导电联结点的松动、接触不良,在联结点电阻过大而过热、电流的不连续而发生电弧、火花,引燃周围的易燃材料而着火	由电弧、火花引燃易燃材料引起着火,并蔓延	损坏、甚至烧毁电气设备

续表

危险	举例	危险处境	危险事件	可能的伤害
着火危险	过电流、短路引发的着火	由过负荷产生的过电流,短路产生的短路电流使电气设备不正常的发热而产生热和热辐射,使外壳温度显著上升,如果散热措施不当,电气设备内部的导电体高温而点燃易燃材料,从而发生着火	外壳过热,且产生热辐射;绝缘材料过热而降低电气设备或部件的功能;引起着火、损坏,甚至烧毁部件和电气设备	灼伤人员;降低或烧毁电气设备;引发着火,散发的有害气体影响人员的健康
	接地故障引发的着火	接地故障引起的着火由故障电流、故障电压和连接不良等因素造成。由于接地回路的电阻比短路回路的电阻要大得多,所以故障电流要比短路电流小得多,接地回路的各联结点的松动或接触不良导致接触电阻过大又限制了故障电流,从而使过电流保护电器不能及时切断电源,连接端子处的高温或产生电弧、电火花,可能引燃可燃物质而着火。故障电压由导电部分与带电电位的金属构件磕碰、摩擦等引发火花,或拉出电弧造成着火	故障电流引起着火;PE线、PEN线接线端子连接不良引起着火;故障电压引起着火	造成着火,并蔓延,烧毁电气设备
机械危险	外壳防护失效危险	异物进入;肢体进入触及带电部件,或运动部件;潮气或水侵入使绝缘受潮、变质,性能降低	人员肢体触及带电零件而遭受电击,触及运动部件而损伤肢体;电气设备受潮,绝缘变质,性能下降,甚至不能工作	电流通过人体;损伤人员肢体;电气设备受损
	机械结构危险	主要承载部件的强度和刚度不能适应功能要求;可触及表面粗糙,有锐边和棱角,不稳定	不能正常工作,操作过程中断;刺伤、刺穿皮肤,身体受损伤;电气设备倾翻或失去稳定性	损坏电气设备;损害人员健康;压伤人员,甚至发生亡人事故
	运动部件危险	旋转、往复部件的甩出,作业工具、刀具、刃具的保护;气体、液体的溢出;不平衡物质在运动中产生的振动、噪声	直接伤害人员;物质的排放可能有害;对人员产生生理影响	危及健康和生命安全;呼吸困难、窒息、过敏、中毒;疲劳,不适,精神紊乱,骨关节错位、脊柱损伤,失去知觉、听觉、平衡,耳鸣等
	连接危险	机械连接件的脱落,或失效;电气连接件的脱落,或失效;既作机械连接又作电气连接的连接件脱落或失效	结构损坏、运动部件甩出、喷射、飞逸等;导电体脱落,引起短路、外壳带电、爬电距离、电气间隙减小等	损伤人员、设备;电流通过人体;电流通过人体,着火,电气设备损坏

续表

危险	举例	危险处境	危险事件	可能的伤害
运行危险	触及危险部件	人体触及;危险部件在运行中甩出、飞逸伤害人体	人体触及带电部件或运动部件,而致残或遭电击;砂轮、刀具、刃具的破损、爆裂,在离心力的作用下,碎片甩到,或飞逸到人体造成伤亡	伤残人体,甚至致人死亡
	危险物质排放危险	电气设备在运行使用的危险物质,如气体、液体、尘埃、雾气、蒸汽等排放,可能对环境、健康的影响	易爆、易燃的气体、液体、尘埃等物质的溢出造成爆炸、着火、窒息、过敏、中毒等;高温的雾气、蒸汽溢出灼伤人体等	发生爆炸、着火,危及人体健康、生命安全
	振动、噪声排放危险	电气设备在运行时,旋转体的不平衡,导致部件间的摩擦,通风冷却系统、共振会产生振动和噪声,危及周围人员的健康	超过标准限值的振动会使操作人员和周围人员产生疲倦、不适、骨关节错位、雷诺氏症、创伤性血管痉挛症等;超过标准限值的噪声会使操作人员和周围人员讲话困难、形成耳鸣、烦躁、神经紊乱	影响人体健康
	静电积聚危险	电气设备在运行中易在高分子材料(例如工程塑料),或高速运动且相互摩擦的材料上积聚静电荷。该静电荷如无释放回路,则积累到一定能量时可能会发生爆炸	由高电位的静电荷产生火花,引起着火或爆炸,发生爆炸、着火事件	引发着火、爆炸
	操作、错误功能的安全	误操作;意外运动,停止;无法起动、工作	由人员失误导致设备损坏、人员伤害;由外界因素,例如供电、电磁干扰,导致设备的突然起动、突然停机造成的事故;由设备自身的因素,例如硬件和软件的逻辑错误,引起无法工作	不能正常工作,设备受损、财产损失
辐射危险	电场、磁场和电磁场的危险	电气设备自身产生的无用杂散无线电频率范围(RF)的电磁波的发射会污染电磁环境,无线电接收、通信、电子电气设备正常工作造成电磁干扰(EMI);对人体的健康可能会造成一定影响,产生的谐波电流会污染电源系统,干扰接入同一电网的电子电气设备;电气设备自身产生的无用极低频率(LEF)的电场、磁场对人体健康的影响	超过无线电频率范围(RF)的传导骚扰限值,辐射骚扰限值、极低值(LEF)限值规定的电气设备的电磁发射,电气设备的传输入电网的超过谐波电流限值的才认为是构成危险的事件	使电子电气设备产生错误功能,不能正常工作,可能影响人体健康

(二)管道危险有害因素类型

管道危险有害因素主要是根据管道项目生命周期的设计期、建设期、运行期和处置期四大阶段进行划分。由于管线设计的型号、材质、耐压能力、耐腐蚀能力等的影响,造成管线失效。管线的失效方式主要有腐蚀穿孔、地质挤压变形、物体振动交变应力导致疲劳失效、异物堵塞憋压爆炸、第三方破坏、管道脆裂断裂等。

1. 划分方法

(1)按管线失效方式划分。

(2)按管线失效原因划分。

(3)按事故发生环节划分。

(4)按事故后果类型划分。

2. 划分依据

根据《国务院安委会关于开展油气输送管线等安全专项排查整治的紧急通知》(安委〔2013〕9号)、ISO 17776:2000《石油和天然气工业 海上开采装置 危险识别和风险评估用方法和技术指南》、GB 6441—1986《企业职工伤亡事故分类》、GB/T 13861—2009《生产过程危险和有害因素分类与代码》、SY/T6891.1—2012《油气管道风险评价方法 第1部分:半定量评价法》、Q/SY 1180.3—2014《管道完整性管理规范 第3部分:管道风险评价》、Q/SY 1180《管道完整性管理规范》和Q/SY 1594—2013《油气管道站场量化风险评价(QRA)导则》,组织应系统地识别包括人的因素、物的因素、环境因素和管理因素在内的危害及其影响。

将GB/T 24259—2009《石油天然气工业 管道输送系统》中的附录E转换为表4-8。

表4-8 选线考虑因素示例

考虑因素	陆上管道	近海管道
安全	设计、施工或操作失误; 材料或零件损坏; 由于腐蚀或冲蚀导致的材料劣化和壁厚损失; 第三方活动; 自然灾害	设计、施工或操作失误; 材料或零件损坏; 由于腐蚀或冲蚀导致的材料劣化和壁厚损失; 第三方活动; 自然灾害; 人员膳宿
环境	环境敏感地区: ——景观美化地区; ——重要文物地区; ——命名的风景区; ——有价值保护区; ——自然资源,如水源区、水库及森林; ——含水层和饮用水源	环境敏感地区: ——特殊科学意义区域; ——重要自然保护区; ——重要海洋文物区域; ——海洋公园

续表

考虑因素	陆上管道	近海管道
设施	各种管道； 地下和地上公共设施； 隧道	各种管道； 电缆、缆绳、缆索海底结构及井装置、海岸护岸护岸工程
第三方活动	土地使用； 矿井道作业； 采矿作业； 军事区	船运航道； 抛锚； 游览业； 渔业； 勘探开发及生产； 开挖及抛石； 军事演习； 平台卸货； 船只靠岸
环境条件	工程地质条件： ——起伏地形,岩石露头及洼地； ——活动的断层及裂缝； ——软地层及浸透水的地层； ——土壤腐蚀性； ——岩石及硬地层； ——漫洪区； ——地震区； ——沼泽及永冻区； ——滑坡、沉降及不均匀沉降区； ——充填地及垃圾堆放场，包括那些被病菌污染的或者有放射性的地区； ——水文条件	工程地质条件： ——起伏地形,岩石露头及洼地； ——地震区； ——高的坡降； ——不稳定的海床； ——软沉积物及沉积物的迁移； ——接近海表面出现的天然气； ——海岸被浸蚀； ——海滩移动； ——近底强海流； ——水文条件
施工安装及运行	通道； 工作面宽度； 动力供应； 试压用水来源及排放； 穿跨越； 后勤保障	最大可靠岸的水深； 最小允许铺管半径； 站台给养船； 贴靠平台及地下井口装置； 对死口管段； 靠岸及登陆段安装技术； 穿越； 后勤保障

识别方法推荐为安全检查表法、历史事故数据回顾、头脑风暴法以及危害和可操作性分析（HAZOP）。

3. 划分参考

国际管道研究委员会（PRCI）对输气管理事故进行了分析并分成23个根本原因,见表4-9。

表 4-9 管道泄漏危险有害因素划分表

序号	种类	方式	部位
1	与时间有关的危害	外腐蚀	
		内腐蚀	
		应力腐蚀开裂	
2	稳定因素	与制管有关的缺陷	管体焊缝缺陷
			管体缺陷
		与焊缝/制造有关的缺陷	连接法兰缺陷
			绝缘接头缺陷
			管体焊缝缺陷
			组装焊缝缺陷
			折皱弯头或翘曲
			螺纹破损/管子破损/管接头破损
		设备因素	"O"型垫片损坏
			控制/泄压设备故障
			密封/泵填料失效
			其他
3	与时间无关的危害	第三方/机械损坏	甲方、乙方或第三方造成的损坏(瞬间/立即损坏)
			以前损伤的管道(滞后性失效)
			故意破坏
		误操作	操作程序(或方法)不正确
		与天气有关的因素和外力因素	天气过冷
			雷击
			暴雨或洪水
			土体移动
			水击

注：参见 SY/T 6830—2011《输油站场管道和储罐泄漏的风险管理》。

(三)站场危险有害因素类型

设备设施的故障是由于工艺和辅助系统某部件偏离运行要求而造成的。设备设施故障是事故隐患的基础，而事故隐患又是事故发生的前提。通过对设备设施故障的统计与梳理，归纳出故障的类型,为故障判断、检测、排查和控制措施制定提供依据。设备设施故障的辨识主要集中在开展工艺系统故障库、仪器系统故障库、电气系统故障库、自控系统故障库、泵送系统故障库的故障辨识。

1. 划分方法

(1)按功能失效方式划分。
(2)按功能失效原因划分。
(3)按导致事故的直接原因划分。
(4)按事故的后果类别划分。

2. 划分依据

根据 ISO 17776:2000《石油和天然气工业 海上开采装置 危险识别与风险评估的工具和技术导则》、GB 6441—1986《企业职工伤亡事故分类》、GB/T 13861—2009《生产过程危险和有害因素分类与代码》、Q/SY1180.3—2014《管道完整性管理规范 第3部分:管道风险评价》、SY/T 6891.1—2012《油气管道风险评价方法 第1部分:半定量评价法》、Q/SY 1180《管道完整性管理规范》和 Q/SY 1594—2013《油气管道站场量化风险评价(QRA)导则》,组织应系统地识别包括人的因素、物的因素、环境因素和管理因素在内的危害及其影响。

设备设施故障类型主要有功能性、性能性、管理性、材质性、设计性、缺陷性、条件性等。见表4-10。

(四)油库危险有害因素类型

1. 划分方法

(1)按油库失效方式划分。
(2)按油库失效原因划分。
(3)按导致油库事故的直接原因划分。
(4)按导致油库事故的后果类别划分。

2. 划分依据

根据 SY/T 0607—2006《转运油库和储罐设施的设计、施工、操作、维护与检验》、SY/T 5921—2011《立式圆筒形钢制焊接油罐操作维护修理规程》、SY/T 6306—2014《钢质原油储罐运行安全规范》、SY/T 6620—2014《油罐的检验、修理、改建和翻建》、SY/T 6306—2014《钢质原油储罐运行安全规范》、SY/T 6696—2014《储罐机械清洗作业规范》、Q/SY 1593—2013《输油管道站场储罐区防火堤技术规范》和 Q/SY 165—2007《油罐人工清洗作业安全规程》,结合表4-9编制表4-11。

表 4-10 站场设备设施危险有害因素划分表

部位	故障模式	阀门	压缩机	机动设备	SCADA系统	特种设备	油罐	调压系统	电动阀	气动阀	气液联动阀
机构	损坏型 断裂	断裂	吸气阀片损坏	结构破损	通讯单元故障	炉管凸包	罐体变形	监控调压阀主膜片出现破损	密封面磨损	弹簧或膜片损伤	活塞或旋转叶片密封失效
	碎裂		连杆断裂	机械性卡住	硬件老化	炉管位移变形	罐顶板穿孔	密封圈损坏	离合器未在电动位置损坏或损坏	限位开关失灵	
	开裂			振动	内部芯片损坏	裂纹	罐顶支撑系统腐蚀变形	阀口垫偏移或损坏			
	裂纹			不能保持在原位	电源风扇损坏	破损	罐体防腐油漆破损	指挥器膜片损坏			
	塑性变形			运转部分损坏	交换机故障	塌落	浮顶密封带变形、穿孔、撕裂、翻卷	调压阀阀芯损坏			
	点蚀			结构破损		局部过热	刮蜡板变形				
	滑扣					炉管金属疲劳	呼吸阀、阻火器损坏				
	黏附					隔板穿孔					
	脆裂					安全附件失效	油罐罐体沉降				
	开焊										
	异常磨损			运转部分损坏							
	松脱型 松动		压力温度传感器线路松动/断线		网线虚接或网线断开		刮蜡板与罐壁间隙过大		传动轴等转动件松旷	阀座松脱	驱动器机械转动装置脱落

续表

部位	故障模式	阀门	压缩机	机动设备	SCADA系统	特种设备	油罐	调压系统	电动阀	气动阀	气液联动阀
机构	松脱型	脱落	皮带松动		接口插头接触不良				行程螺母紧定销松动		
机构	退化型	锈蚀				压力容器腐蚀	罐壁腐蚀	调压阀主膜片固定变口脱落	阀杆螺母锈蚀或卡有杂物		
机构	退化型	剥落					导向管磨损				
机构	退化型	老化					浮顶罐扶梯腐蚀				
机构	卡堵型	堵塞	冷凝管结垢	机械性卡住	光纤不通	火嘴堵塞	导向管卡阻			气路有堵塞	过滤器堵塞
机构	卡堵型		润滑油路堵塞	不能关闭				调压阀阀门开度未达到100%		阀门内有卡阻	油路堵塞
机构	卡堵型		点火火花塞积炭	不能开机				管路堵塞，导致流量控制不稳定		阀门内有杂物	驱动器机械转动装置卡死
机构	卡堵型		空气过滤器堵塞	不能切换							
机构	卡堵型		进气过滤器堵塞	不能关机					传动轴等转动件与外塞卡住		
机构	渗漏型	外漏		外漏		管束渗漏	罐底与基础之间密封不良	泄压阀外漏、内漏		密封失效	控制阀泄漏
机构	渗漏型	内漏		内漏		压力容器受压元件发生泄漏	焊缝渗漏			缺少密封脂	管路及接头漏气、漏油、堵塞
机构	渗漏型	渗漏								气路、气缸、活塞或气马达漏气	

续表

部位	故障模式	阀门	压缩机	机动设备	SCADA系统	特种设备	油罐	调压系统	电动阀	气动阀	气液联动阀
运行	行程	行程过大或过小	阀门未全开	超出允许下限	站控工程运行不正常或不能启动	进油阀门没开或闸板脱落			行程控制器未调整好		截止、节流止回阀调节开度调得过小
		间歇过大或过小		超出允许上限		运行炉管凝结					油缸内混有气体
				输入量过大							液压油变质
				输出量过大							
				不能保持在原位							
	电路		保险丝烧毁	不能启动	电池模块故障	电路故障			行程控制器弹簧过松		
			电气线路老化/接地不良	电短路	控制器故障				电机系统故障		
			接头松动	电开路	操作画面死机				开关失灵或超扭矩开关误动作		
			继电器故障		机柜供电系统掉电				开关失灵		
			按钮接触不良								
			电源电压过低								
			电机故障		工作站个别数据不刷新故障						
			线路相线接错	漏电							

续表

部位	故障模式	阀门	压缩机	机动设备	SCADA系统	特种设备	油罐	调压系统	电动阀	气动阀	气液联动阀
运行	突然停机	负荷偏大	电动机过载	运行不稳定	RCI自动停机			天然气内含杂物	扭矩过大	电机过载	
			机组超温	运行受阻	DDN通信中断				关阀过紧	填料压得过紧或斜偏	
			振动幅度较大	同断运行	通信频发闪断					气源压力不足	
			水位偏低	提前运行					闸板槽有杂物	气源压力指挥器定位值过低	
			下游管道关小进气量	滞后运行					阀门两侧压差大	阀门内有卡阻	
				意外运行	路由器进行配置,界面出现乱码			操作切断按钮,切断阀不切断	楔式闸阀受热膨胀关闭过紧	气源流量压力不足	气源压力不足
			吸气压力偏低	运行能力下降	DI或AI模块数据没采集上				电机容量小		
	输入/出		排气压力过高	运行超量						调节阀定位有误	
			油压过低	流动不畅						气路、气缸、气活塞漏气	换向阀选择不正确
			润滑油过多	无输入						限位开关失灵	
			润滑油不足	无输出						阀门内有杂物	阀门受卡阻过大

续表

部位	故障模式	阀门	压缩机	机动设备	SCADA系统	特种设备	油罐	调压系统	电动阀	气动阀	气液联动阀
运行	转动	闸板卡死	转速过快	转速过快		压力容器与管道发生严重振动		泄压阀异常振动		阀门与气动执行机构安装错误	
		丝杆弯曲	转速过慢	转速过慢						阀门限位块位置错位	
			飞车保护装置失灵	反转							
				异常符合振动							
				发热							
	指示	指示不准或无指示		错误指示			液位计、温度计计量不准				
操作		过猛	带液启动	误开/启动		压力容器过量充装					压降速率超限，防护不动作
			储气罐超压	误关/停机							液压定向控制阀选择不正确
其他		干涉			系统中毒						
				振动							卡阀或开关已到位

表 4-11 油库危险有害因素划分表

序号	种类	方式	部位
1	与时间有关的危害	电化学腐蚀	
		化学腐蚀	
		氧化腐蚀	
		罐底积淤	
		油罐翘底	
		中央雨排管锈蚀渗漏	
		罐基础不均匀沉降和罐体变形	
2	稳定因素	与制造有关的缺陷	罐体焊缝应力开裂
			罐体缺陷
			罐体焊缝缺陷
			浮顶平台歪斜或断裂
			抗风圈变形
		基础和底板	不均匀下沉
			底板浮式
			焊缝缺陷
		罐顶	固定顶顶板及罐顶附件焊缝裂纹、开焊和穿孔
			固定顶中心板、每块瓜皮板及其肋板处不紧固现象
			固定顶防腐层破损
		浮顶	浮顶积油
			浮顶转动浮梯故障卡死
			浮顶挡雨板损坏
			浮顶支撑脚变形
			浮顶防旋转立柱卡堵
			浮顶倾斜
			浮顶单盘板、船舱顶板及舱壁、浮筒等焊缝和连接处裂纹、开焊、穿孔现象
			浮顶浮舱腐蚀及渗漏
		浮盘	浮盘沉船
			浮盘泄漏

续表

序号	种类	方式	部位
2	稳定因素	浮盘	浮盘变形
			浮盘支柱松脱弯折失效
			浮盘密封圈胶皮老化
			浮盘积水
			浮盘连接线磨损
		罐壁	壁板焊缝缺陷
			大角焊缝缺陷
			罐壁腐蚀
			罐壁接管缺陷
		附件	人孔、排水阀、蒸汽阀盘根渗漏
			加热盘管渗漏
			浮顶与罐壁密封性及密封件老化现象
			浮顶中央排水管和紧急排水管渗漏
			浮梯卡阻
			呼吸阀堵塞/卡死
			阻火器卡死
		设施因素	"O"型垫片损坏
			密封/泵填料失效
			检测、监测、报警、连锁设施失效
			接地连接螺栓松动
			接地及静电导出相同保护不良
			其他
3	与时间无关的危害	第三方/机械损坏	甲方、乙方或第三方造成的损坏（瞬间/立即损坏）
			以前损伤的罐体（滞后性失效）
			故意破坏
		误操作	油罐抽瘪或鼓包
			溢罐或跑油
			操作程序（或方法）不正确

续表

序号	种类	方式	部位
3	与时间无关的危害	与天气有关的因素和外力因素	天气过冷
			雷击
			暴雨或洪水
			土体移动
			水击

（五）作业活动危险有害因素类型

作业风险的辨识主要根据站队和维抢修队所开展的作业目录、作业项目和作业项目内容进行危险有害因素辨识。

1. 划分方法

（1）按危害物质属性划分。
（2）按生理心理状态划分。
（3）按作业组织划分。
（4）按行为表现划分。
（5）按管理与环境划分。

2. 划分依据

根据 AQ/T 5209—2011《涂装作业危险有害因素分类》、Q/SY 1124.7《石油企业现场安全检查规范 第 7 部分：管道施工作业》、Q/SY 65.1—2014《油气管道安全生产检查规范 第 1 部分：通则》、Q/SY 65.2—2014《油气管道安全生产检查规范 第 2 部分：原油、成品油管理》和 Q/SY 65.3—2014《油气管道安全生产检查规范 第 3 部分：天然气管道》，组织应系统查找作业活动中存在的包括人的因素、物的因素、环境因素和管理因素在内的危害及其影响，作业活动危险有害因素划分表见表 4–12。

表 4–12 作业活动危险有害因素划分表

大类	中类	小类	细类
物理性危险、有害因素	设备、设施缺陷	刚度不够	
		强度不够	
		稳定性差	
		密封不良	
		应力集中	

续表

大类	中类	小类	细类
物理性危险、有害因素	设备、设施缺陷	外形缺陷	
		外露运动件	
		操纵器缺陷	
		制动器缺陷	
		控制器缺陷	
		设计不当	
		制造粗劣	
		防爆电气设备及防爆照明灯具不合格或功能失效	
		自动连锁控制系统和信号、报警装置不合格	
		消防器具不合格或未按 GB 50140《建筑灭火器配置设计规范》配置	
	防护措施缺陷	未采取防护措施或防范措施失效	无防护、防护装置缺陷
			防护不当
			支撑不当
			防护距离不够
		作业涉及的桥梁、大型构件或储罐、船舶、机车车辆、建(构)筑物、行车等，主体构造、平台、护栏等未设防护或在安全防护方面的缺陷	
	电危害	触电	电气设备绝缘不良
			接地错误
			误操作
		电气火花	电位差引起的电火花
			电路开启与切断、短路、过载，以及由于行灯破裂、保险丝熔断、带电设备、器具的外露部位电位差过大等原因引起的火花
		静电放电	使用、储存、输送有机溶剂的设备、容器、管道静电积累或容器、管道破裂导致物料流速过快，以及倾倒有机溶剂未采取防静电措施等原因引起的放电

续表

大类	中类	小类	细类
物理性危险、有害因素	电危害	雷击	没有避雷措施
			防雷接地不符合要求
	噪声	机械性声频	
		电磁性声频	
		其他噪声	
		流体动力性声频	
	振动	机械性振动	
		电磁性振动	
		流体动力性振动	
		其他振动	
	辐射	电磁辐射	紫外线固化
			电子束固化
			光固化
			红外线干燥
		电离辐射	外照射放射
			内照射放射
		非电离辐射	紫外线、红外线、高频电磁场、微波、激光、工频电场、光、磁、无线电波等
	明火（火焰、火星、灼热）	作业场所内部或外部带入的烟火	
		焊接火花	
		烘干设备过热表面	
		灯具破裂时的明火	
		加热的钢板	
		照明灯具的灼热表面	
		设备、工件、管道、散热器、电器等过高温度的表面	
	生产性粉尘	无机粉尘	机械、手工干式打磨、磨光等作业粉尘
		有机粉尘	打腻子、磨光、除旧漆等作业粉尘

续表

大类	中类	小类	细类
物理性危险、有害因素	作业环境	通风不良	作业场所的有限空间及通风不良
			积聚有机溶剂蒸气的低凹、死角区域
			易燃气体及粉尘积聚达到爆炸极限
			存在遇着火源瞬间燃烧爆炸的危害
		缺氧作业	氧气浓度低于19%
		场地构造	低凹场地结构（如地沟、地坑等）
			防火间距不符合安全要求的构造
			掩埋
			绊倒
		高温、辐射热	高温烫伤
			中暑
			辐射热
		高处作业	高处涂装作业
			船旁悬吊涂装
		照明	照度不足
			照度不均
	标志缺陷	无标志	
		标志不清晰	
		标志不规范	
		标志选用不当	
		标志位置缺陷	
		未按GB 15630《消防安全标志设置要求》、GB 2894《安全标志及其使用导则》规定设置安全标志	
	摩擦冲击	钢（铁）制工具、工件、容器相互碰撞	
		带钉鞋或夹有外露金属件与地坪撞击	
	灼烫	火焰烧伤	皮肤伤害
		高温物体烫伤	

续表

大类	中类	小类	细类
物理性危险、有害因素	灼烫	化学灼伤	酸、碱、盐、有机物引起的体内外灼伤
		物理灼伤	眼部灼伤
			光、放射性物质引起的体内外灼伤
	机械伤害	夹击	机械设备运动（静止）部件、工具、加工件直接与人体接触，以伤害方式描述
		碰撞	
		剪切	
		卷入	
		缠绕	
		碾压	
		割伤	
		刺穿	
化学性危险、有害因素	易燃易爆物质	容易被引燃、引爆的物质	有机溶剂及涂料在存放、清洗、稀释、加热、涂覆、流平、干燥固化及通风过程中挥发出来的易燃易爆物质
			作业过程被有机溶剂及涂料污染的废布、纱头、棉球、防护服等
			设备内部表面、通风设施的内部空间、建筑物内墙与顶棚表面、作业现场地面等沉积的漆垢，低凹或死角区域积聚的漆雾
	有毒物质	有毒性粉尘和气溶胶	漆雾
			有毒物质粉尘、烟雾（有机和无机粉尘、铅、铬等）
		有毒液体、气体	苯
			甲苯
			二甲苯
			以上物质衍生物和异构体
	有害物质	腐蚀性物质	强酸
			强碱
			除油、除锈处理液和脱漆处理液
		其他有害物质	通过呼吸道、消化道及皮肤侵入人体，对健康产生危害的其他物质

续表

大类	中类	小类	细类
生物性危险、有害因素	致病微生物		
	寄生虫		
	动植物昆虫		
	所产生的生物活性物质		
心理、生理性危险、有害因素	负荷超限	心理压力	
		体力负荷超限	
		听力负荷超限	
		视力负荷超限	
		其他负荷超限	
	健康状况异常	连续长时间作业	
		酒后或吸食有毒物质后作业	
	从事禁忌作业	从事禁止或限制使用的涂料及有关化学品、涂装工艺的作业	
		妇女(不包括生产管理人员、工艺技术人员)从事禁忌的涂装作业	妇女从事有限空间的危险性涂装作业
			已婚待孕妇女从事有毒危害分级中属于Ⅰ、Ⅱ级的涂装作业
			怀孕妇女和乳母从事作业的场所有毒物质浓度超过国家规定的职业卫生限定值
		未成年人从事涂装作业	
		职业禁忌者从事涂装作业	
	心理异常	注意力转移	
		心理负担过重的不安全状态	脑力过度紧张
			意外刺激或过分激动
行为性危险、有害因素	违章指挥	违章指挥	
		指挥错误	
	违章操作	违章操作	
		无证作业	
		错误操作	

续表

大类	中类	小类	细类
行为性危险、有害因素	误操作	操作程序错误	
		站位不当	扭伤
		操作方向错误	
	防护不当	防护用品未使用	
		选用不当	
	责任心不够		
	工具使用不当		
	监护失误	没有监护	
		监护不当	
	安全管理失察	安全管理不当	
其他危险、有害因素	作业管理	作业计划不周	作业方案涉及要素流程及衔接
			作业条件和时机确认
		作业准备不充分	作业危害识别不足
			作业工具选用不当
			作业备料
		任务安排不合理	任务时间(时机)
			任务协同
			人员素质
		作业前分析不到位	技术交底
			技术培训
			难点解析
		作业过程控制不严	作业关键点标识
			作业监督管理
			作业现场控制

(六)职业健康危险有害因素类型

职业健康风险的辨识主要依靠从业人员所处的工作环境、所接触的危害物质(化学、物理、生物等)、危害条件(照明、气候、声环境、温度、采光等)和人类工效学的满足程度等进行辨识。

1.划分方法

(1)按国家职业病危害目录划分。
(2)按有毒有害物质划分。
(3)按生产作业条件划分。
(4)按劳动组织模式划分。
(5)按工作环境状况划分。

2.划分依据

根据卫生部、劳动保障部2002年4月联合颁发的《关于印发《职业病目录》的通知》[卫法监发(2002)108号]、GBZ 1—2010《工业企业设计卫生标准》、GBZ 2.1—2007《工作场所有害因素职业接触限值 第1部分:化学有害因素》、GBZ 2.2—2007《工作场所有害因素职业接触限值 第2部分:物理因素》、GBZ/T 205—2007《密闭空间作业职业危害防护规范》和GB 18871—2002《电离辐射防护与辐射源安全基本标准》。职业健康危险有害因素划分见表4-13。

表4-13 职业健康危险有害因素划分表

大类	中类	小类	细类	典型物质名称
生产过程	化学因素	毒性物质	工业毒物	铅及其化合物(不包括四乙基铅)
				汞及其化合物
				锰及其化合物
				镉及其化合物
				铍
				铊及其化合物
				钒及其化合物
				磷及其化合物(不包括磷化氢、磷化锌、磷化铝)
				砷及其化合物(不包括砷化氢)
				砷化氢
				氯气
				二氧化硫

续表

大类	中类	小类	细类	典型物质名称
生产过程	化学因素	毒性物质	工业毒物	光气
				氨
				氮氧化合物
				一氧化碳
				二氧化碳
				硫化氢
				磷化氢、磷化锌、磷化铝
				工业性氟
				氰类及腈类化合物
				四乙在铅
				有机锡
				羰基镍
				苯
				甲苯
				二甲苯
				正已烷
				汽油
				有机氟聚合物单体及其热裂解物
				二氯乙烷
				四氯化碳
				氯乙烯
				三氯乙烯
				氯丙烯
				氯丁二烯
				苯的氨基及硝基化合物(不包括三硝基甲苯)
				三硝基甲苯
				甲醇
				酚
				五氯酚

续表

大类	中类	小类	细类	典型物质名称
生产过程	化学因素	毒性物质	工业毒物	甲醛
				硫酸二甲酯
				丙烯酰胺
				有机磷农药
				氨基甲酸酯类农药
				杀虫脒
				溴甲烷
				拟除虫菊酯类农药
				根据《职业性中毒性肝病诊断标准与处理原则》可以诊断的职业性中毒性肝病
				根据《职业性急性中毒诊断标准及处理原则总则》可以诊断的其他职业性急性中毒
		粉尘	生产性粉尘	矽尘
				煤工业尘
				石墨尘
				炭黑尘
				石棉尘
				滑石尘
				水泥尘
				云母尘
				陶工尘
				铝尘
				弱电焊工尘
				铸工尘
			有机性粉尘	
			金属粉尘	
	物理因素	噪声	机械性噪声	
			流体动力性噪声	
			电磁性噪声	

续表

大类	中类	小类	细类	典型物质名称
生产过程	物理因素	振动		
		高温		
		异常气象条件	高温(中暑)、高湿、低温、高气压(减压病)、低气压(高原病)等	
		异常气压		
		电离辐射	外照射放射	X、α、β、γ射线和中子流等
			内照射放射	
		非电离辐射		紫外线、红外线、高频电磁场、微波、激光等
		电磁辐射	紫外线固化	
			电子束固化	
			光固化	
			红外线干燥	
	生物因素	传染病		炭疽杆菌
				布鲁杆菌
				森林脑炎病毒
				病毒
				布杆菌
				有机粉尘中的真菌
				真菌孢子
				细菌等
		皮肤病		接触性皮炎
				光敏性皮炎
				电光性皮炎
				黑变病
				痤疮
				溃疡

续表

大类	中类	小类	细类	典型物质名称
生产过程	生物因素	皮肤病		根据《职业性皮肤病诊断标准及处理原则》可以诊断的其他职业性皮肤病
		眼部疾病		化学性眼部烧伤
				电光性眼炎
				职业性白内障(含放射性白内障)
		耳鼻喉疾病		噪声聋
				铬鼻病
		肿瘤		石棉所致肺癌、间皮瘤
				联苯胺所致膀胱癌
				苯所致白血病
				氯甲醚所致肺癌
				砷所致肺癌、皮肤癌
				氯乙烯所致肝血管肉瘤焦炉工人肺癌
				铬酸盐制造业工人肺癌
	污染性因素			
劳动过程		作息时间	作业时间过长	
		劳动强度	作业强度过大	
		劳动组织	劳动制度与劳动组织不合理	
			长时间强迫体位劳动	
			个别器官和系统的过度紧张	
		培训教育	操作体位	
			劳动保护	
		劳动管理	劳动监护	
			过程监督	

续表

大类	中类	小类	细类	典型物质名称
工作环境	生产环境	厂房布局不合理	厂房狭小	
			车间内设备位置不合理	
			照明不良等	
		生产过程中缺少必要的防护设施等		
		露天作业的不良气象条件		
	操作环境	其他职业病	化学灼伤	
			金属烟热	
	作业环境		职业性哮喘	
			职业性变态反应性肺泡炎	
			棉尘病	
			煤矿井下工人滑囊炎	
			牙酸蚀病	
	值守环境			

（七）环境危险有害因素类型

环境风险的辨识主要是针对生产、服务过程中产生的废弃物、泄漏物、污染物、能/资源消耗等对人员、大气、土壤、水源等的影响、伤害方式进行辨识。

1. 划分方法

（1）按有毒物质划分。
（2）按生产产出物划分。
（3）按生产作业条件划分。
（4）按管理完整性划分。

2. 划分依据

根据 GB 50483—2009《化工建设项目环境保护设计规范》和"关于印发《石油化工企业环境应急预案编制指南》的通知" 环办 [2010] 10 号、Q/SY 1265—2010《输气管道环境及地质灾害风险评估方法》,编制见表 4-14。

表 4-14 环境危险有害因素划分表

类别	属性	相态/形式	典型物质名称
物质因素	易燃易爆物质	凝聚相化学物质	火炸药(雷汞、叠氮化铅、2,4,6-三硝基甲苯)
			常温下分解氧化导致自燃、爆炸(硝化棉、黄磷)
			常温下与水或水蒸气反应燃烧爆炸(钾、钠)
			强氧化剂(氯酸钠、双氧水、过氧化钠)
			摩擦、撞击或与氧化剂接触引起燃烧爆炸(硫黄)
		气相爆炸物质	I类(矿井甲烷)
			II类(爆炸性气体、蒸气)
			III类(爆炸性粉尘、纤维)
	化学和腐蚀性物质	电化学腐蚀	
		化学腐蚀	
		氧化腐蚀	
		腐蚀物质划分	无机酸性:硝酸、硫酸、氯磺酸、盐酸
			有机酸性:甲酸、溴乙酰、乙酸
			无机碱性:氢氧化钠、硫化钠、硫化钙
			有机碱性:丙醇钠
			其他:次氯酸钙、次氯酸钠
过程因素	生产性毒物	有毒性原料	
		有毒性中间产品	
		危化品使用	
		生产过程反应物	
	生产性粉尘	施工粉尘	
		自然扬尘	
		车辆运输粉尘	
	噪声	机械噪声	
		空气动力噪声	
		电磁噪声	
		土石方施工噪声	
		运输装备噪声	

续表

类别	属性	相态/形式	典型物质名称
过程因素	噪声	电动工具噪声	
		材料装卸、安装、拆除等造成的噪声	
	振动	生产机械振动	
		施工机械振动	
		土方施工车辆振动	
		爆破振动	
		交通工具跨越振动	
	废气	汽车尾气	
		机械运转废气	
		化学物品挥发有毒有害气体	
		有毒烟尘	
		有毒空气	
	恶臭	恶臭气体	硫化氢
			脂肪酸
			二甲基硫
			芳香族
			氨气
	废水	生产废水	含硫废水
			含油废水
			含盐废水
		生活废水	生活区域、食堂、厕所等
		有毒污水	
	废物	废渣排放	
		建筑垃圾	
		生活垃圾	
		固体废物	废包装物等
			油抹布

续表

类别	属性	相态/形式	典型物质名称
过程因素	潜在泄漏	化学品泄漏	
		油料泄漏	
		气体泄漏	
	辐射(电离、非电离)	电磁辐射	
		电离辐射	
		非电离辐射	紫外线、红外线、高频电磁场、微波、激光、工频电场、光、磁、无线电波等
	高温、低温	高温	
		低温	
	采光、照明	采光	
		照明	
	酸雨		
	能/资源消耗	水、电、油、原材料	
管道环境	地质灾害	崩塌	
		滑坡	
		泥石流	
		采空塌陷	
		地震	
	管道环境灾害	管道水毁	坡面水毁
			河(沟)道水毁
			台田地水毁
		湿陷性黄土	
		风沙	
		膨胀土	
		盐渍土	
其他因素	环境管理	环境监管机构	
		环境管理体系	
		环境监测	

续表

类别	属性	相态/形式	典型物质名称
其他因素	土壤污染	油品泄漏	
		污水无序排放	
		化学品泄漏	
	其他问题	放射物	
		雷电	
		静电	
		潮湿	

(八)重大危险源危险有害因素类型

根据《关于开展重大危险源监督管理工作的指导意见》(安监管协调字〔2004〕56号)附件1中的《国家安全监管总局关于公布首批重点监管的危险化工工艺目录的通知》(安监总管三〔2009〕116号)、《危险化学品重大危险源安全监督管理暂行规定》2011(国家安全生产监督管理总局令第40号)、GB 18218—2009《危险化学品重大危险源辨识》和GB 13690—2009《化学品分类和危险性公示　通则》,结合油气管道储运企业生产、作业、服务特征,以及场所危险化学品生产、使用和贮存情况,组织应系统查找可能引起安全事故、环境影响和职业健康损坏的危险有害因素。

四、危险有害因素辨识方法应用

在归纳总结管道、站场、作业、环境、健康和危化物危险有害因素类型的基础上,应用引导词,将管道、站场、作业、环境、健康和危化物构成架构有机地结合起来进行对比,找出危险产生的根源、方式和途径。

危险有害因素辨识的来源主要有以下几种。

(1)事故案例调查。

(2)行业借鉴。

(3)标准规范。

(4)管理要项。

(5)文献查阅(特定数据和资料)。

(6)属性诊断。

(7)逻辑推演。

(8)专家意见。

(9)业内检查"举一反三"。

查找危害因素的内容包括:(1)危险行为;(2)危险活动;(3)危险场所(空间);(4)危险

物质;(5)危险工艺;(6)危险设施;(7)危险排放;(8)危险作业。

(一)管道、站场危险有害因素辨识

根据 Q/SY 1362—2011《工艺危害分析管理规范》、Q/SY 1363—2011《工艺安全信息管理规范》、Q/SY 1420—2011《油气管道站场危险与可操作性分析指南》,对管道、站场危险有害因素进行辨识。

1. 应用表格进行分区

应用系统分层表和功能分区表对系统进行分层和分区。

2. 应用系统功能展开法(SFD)查找功能组件

应用系统功能展开法(SFD)对功能区块进行展开,分解到功能组件。

3. 编制基础检查表

应用矩阵法对功能组件进行列表,包括功能组件的组成要件(阀件、容器等)和零部件等。

4. 应用引导词查找偏差

应用引导词对功能组件进行评价,识别可能的偏差,将查出的偏差进行列表和划分,形成初步识别成果表。

5. 应用专项词补充完善

应用危险类型的专项词与功能组件进行组合,形成查询词,在相关网站和文献查阅研究成果,补充完善识别成果表。

6. 组织专家讨论会

针对识别成果表,听取相关专业专家所在专业的标准规范意见和工作经验建议。

7. 危险有害因素描述

参照相关方法进行危险有害因素的描述,能够表述危险有害因素的来源、部位、途径等。

(二)作业危险有害因素辨识

根据 Q/SY 1238—2009《工作前安全分析管理规范》和 Q/SY 1235—2009《行为安全观察与沟通管理规范》,对作业危险有害因素进行辨识。

1. 应用表格进行划分

应用作业类型划分表进行作业盘点。

2. 应用系统功能展开法(SFD)查找任务节点

应用系统功能展开法(SFD)对任务项目进行展开,分解到工作包。

3. 编制基础检查表

应用矩阵法对作业实施步骤进行列表,包括实施步骤的注意事项等。

4. 应用引导词查找偏差

应用引导词对实施步骤进行评价,识别可能的偏差,将查出的偏差进行列表和划分,形成初步识别成果表。

5. 应用专项词补充完善

应用危险类型的专项词与实施步骤进行组合,形成查询词,在相关网站和文献查阅研究成果,补充完善识别成果表。

6. 组织专家讨论会

针对识别成果表,听取相关专业专家所在专业的标准规范意见和工作经验建议。

7. 危险有害因素描述

参照相关方法进行危险有害因素的描述,能够表述危险有害因素的来源、部位、途径等。

(三)职业健康和环境危险有害因素辨识

根据GBZ 2.1—2002《工作场所职业病危害因素职业接触限值 第1部分:化学有害因素》和GBZ 2.2—2007《工作场所职业病危害因素职业接触限值 物理因素》、HJ 2.1—2016《建设项目环境影响评价技术导则 总纲》,对职业健康和环境危险有害因素进行辨识。

1. 应用表格进行划分

应用系统分层表和功能分区表对系统进行分层和分区。

2. 应用系统功能展开法(SFD)查找任务节点

应用系统功能展开法(SFD)对工艺环境进行展开,分解到功能组件。

3. 编制工艺环境危害因素检测表

应用矩阵法对设备设施进行列表,包括设备设施的组成要件(阀件、容器等)和零部件等。

4. 应用引导词查找偏差

应用危险源分析法(HAZID)提供的31个引导词或系统功能展开法(SFD)提出的引导

词和职业病危害因素检测报告获得的职业健康危害因素,再加上工作场所的各类设备设施自身排放、泄漏等产生的噪声、振动、辐射和危害物质等,构成工艺环境危害因素检测表。

5. 应用专项词补充完善

应用危险类型的专项词与实施步骤进行组合,形成查询词,在相关网站和文献查阅研究成果,补充完善识别成果表。

6. 组织专家讨论会

针对识别成果表,听取相关专业专家所在专业的标准规范意见和工作经验建议。

7. 危险有害因素描述

参照相关方法进行危险有害因素的描述,能够表述危险有害因素的来源、部位、途径等。

(四)重大危险源辨识

1. 危险化学品重大危险源辨识

根据 GB 18218—2009《危险化学品重大危险源辨识》对危险化学品的重大危险源进行辨识,重大危险源的辨识指标单元内存在的危险化学品的数量根据处理危险化学品种类的多少,分为以下两种情况:

(1)单元内存在的危险化学品为单一品种,则该危险化学品的数量即为单元内危险化学品的总量,若超过或等于相应的临界量,则定为重大危险源。

(2)单元内存在的危险化学品为多品种时,则按公式(4-1)计算,若满足判断式要求则定为重大危险源:

$$\frac{q_1}{Q_1}+\frac{q_2}{Q_2}+\cdots+\frac{q_n}{Q_n}\geq 1 \quad (4-1)$$

式中 $q_1,q_2,\cdots,q_n$——每一种危险物品的现存量;

$Q_1,Q_2,\cdots,Q_n$——对应危险物品的临界量。

2. 生产场所重大危险源辨识

根据《关于开展重大危险源监督管理工作的指导意见》(国家安全生产监督管理局安监管技装协调字[2004]56号)的规定,对生产场所重大危险源进行辨识。

生产场所重大危险源是指生产、使用表4-15中所列类别的危险物质量达到或超过临界量的设施或场所。

包括以下两种情况:

(1)单元内现有的任一种危险物品的量达到或超过其对应的临界量。

（2）单元内有多种危险物品且每一种物品的储存量均未达到或超过其对应临界量,但满足公式(4-1)。

表 4-15　生产场所临界量表

类别	物质特性	临界量	典型物质举例
民用爆破器材	起爆器材 [a]	01t	雷管、导爆管等
	工业炸药	5 t	铵梯炸药、乳化炸药等
	爆炸危险原材料	25 t	硝酸铵等
烟火剂、烟花爆竹		05 t	黑火药、烟火药、爆竹、烟花等
易燃液体	闪点 < 28℃	2 t	汽油、丙烯、石脑油等
	28℃ ≤ 闪点 < 60℃	10 t	煤油、松节油、丁醚等
可燃气体	爆炸下限 < 10%	1 t	乙炔、氢、液化石油气等
	爆炸下限 ≥ 10%	2 t	氨气等
毒性物质	剧毒品	100 g	氰化钾、乙撑亚胺、碳酰氯等
	有毒品	10 kg	三氟化砷、丙烯醛等
	有害品	2 t	苯酚、苯肼等

[a] 起爆器材的药量,应按其产品中各类装填药的总量计算。

3. 设备设施重大危险源辨识

根据《关于开展重大危险源监督管理工作的指导意见》(国家安全生产监督管理局安监管技装协调字[2004]56号)的规定,满足下列条件的设备设施应作为重大危险源进行管理。

（1）设计压力：

① 输送有毒、可燃、易爆气体,且设计压力 > 1.6MPa 的长输管道。

② 输送极度、高度危害液体介质、GB 50160《石油化工企业设计防火规范》及 GB 50016《建筑设计防火规范》中规定的火灾危险性为甲、乙类可燃气体,或甲类可燃液体介质,且公称直径 ≥ 100 mm,设计压力 ≥ 4 MPa 的工业管道。

③ 输送其他可燃、有毒流体介质,且公称直径 ≥ 100 mm,设计压力 ≥ 4 MPa,设计温度 ≥ 400℃ 的工业管道。

（2）设计温度：

输送其他可燃、有毒流体介质,且公称直径 ≥ 100 mm,设计压力 ≥ 4 MPa,设计温度 ≥ 400℃ 的工业管道。

（3）公称直径：

① 输送有毒、可燃、易爆液体介质,输送距离 ≥ 200km 且管道公称直径 ≥ 300 mm 的长输管道。

② 中压和高压燃气管道,且公称直径≥200mm的公用管道。

③ 输送毒性程度为极度、高度危害气体、液化气体介质,且公称直径≥100mm的工业管道。

④ 输送其他可燃、有毒流体介质,且公称直径≥100mm,设计压力≥4MPa,设计温度≥400℃的工业管道。

(4)输送距离:

输送有毒、可燃、易爆液体介质,输送距离≥200km且管道公称直径≥300mm的长输管道。

(5)蒸发热量:

额定蒸汽压力>2.5MPa,且额定蒸发量≥10t/h的蒸汽锅炉。

(6)蒸汽压力:

额定蒸汽压力>2.5MPa,且额定蒸发量≥10t/h的蒸汽锅炉。

(7)额定出水温度:

额定出水温度≥120℃,且额定功率≥14MW的热水锅炉。

(8)额定功率:

额定出水温度≥120℃,且额定功率≥14MW的热水锅炉。

第二节 风险评价

一、风险分类

风险划分的目的是通过划分风险,帮助风险管理人员透过风险类别的定义,在认识风险、分析风险时能把握风险的实质,在实施风险描述时更加准确。风险划分将有助于最终将风险控制职责分配到每一个具体岗位。风险划分可根据事故类型划分,也可根据冰山理论划分,或根据风险伤害对象划分等。

(一)风险划分原则

(1)科学性:按照风险最基本、最稳定的属性及其存在的逻辑关联进行灾害种类的划分。以风险学的学科划分为基础,尽可能采用相关国际、国家划分标准,充分吸收新的科研成果,体现划分体系的科学性。数据的产生经过严格的方案设计、专家论证后获得的数据。

(2)客观性:指对污染物的环境行为、暴露途径、生物效应、综合评价等必须采取客观的分析方法,避免主观和缺乏证据的推测。

(3)准确性:数据能够客观反映开展的业务活动和作业活动。

(4)有效性:数据能够对风险预防控制具有参考价值和指导作用。

(5)针对性:必须针对企业的具体情况,充分考虑企业的自然条件和经济社会发展相差悬殊的现实,在资料收集和分析上合理处理,不以偏概全。同时在内容上针对 HSE 工作的需要,提供各风险的后果、诊断、控制和防治措施等翔实的资料,为企业提供有价值的参考。

(6)时效性:环境及其人群暴露都是动态变化的,关于风险的研究和信息积累也是不断变化的,因此风险的评估结果也只针对近一段时期内环境与人群暴露状况和其他相关信息,只在一段时间内有效。

(二)风险划分方法

(1)风险属性。
(2)风险领域。
(3)风险标的。
(4)风险原因。
(5)风险来源。

(三)风险划分依据

根据《中国石油天然气集团公司质量事故管理规定》《中国石油天然气集团公司生产安全事故管理办法》《中国石油天然气集团公司职业健康工作考核细则》和中华人民共和国环境保护部 17 号令《突发环境事件信息报告办法》、环发(2010)113 号《突发环境事件应急预案管理暂行办法》和 JB/T 5057—2006《机械工业企业产品质量事故分类》。其中,质量事故的划分还要结合 GB 50300—2013《建筑工程施工质量验收统一标准》和 GB 50068—2001《建筑结构可靠度设计统一标准》,依据事故发生的阶段(设计阶段、施工阶段、运行阶段、改扩建阶段和处置阶段)、发生的部位(基础部分、主体结构(砌筑结构、混凝土结构、钢结构、组合结构等)、装修工程、预埋敷设等),对事故进行划分,见表 4-16。

表 4-16 事故划分表

大类	中类	小类	细类
质量事故	设计质量事故	工程地质勘察失误	采煤矿洞附近
			垃圾堆积场附近
			人口密集区附近
			山洪易发地段附近
			填方附近
		设计缺陷	主体结构不合理
			受力计算错误
			载荷计算错误
			盲目套用图纸与实际不符
		设计管理程序缺失	

续表

大类	中类	小类	细类
质量事故	采购物资质量事故		
	工程建设项目质量事故		
	工程技术服务质量事故		
	检维修服务质量事故		
工业生产安全事故	生产事故	设备事故	机械事故
		电气事故	
		静电事故	
	交通事故	机动车事故	
		非机动车事故	
		行人事故	
		其他事故	
	火灾事故	物质性火灾	可燃气体火灾
			可燃固体火灾
			液化烃/可燃液体火灾
		生产性火灾	电气火灾
			甲类物品火灾
			乙类物品火灾
			丙丁戊类物品火灾
			石油库储存油品火灾
		贮藏性火灾	电气火灾
			甲类物品火灾
			乙类物品火灾
			丙丁戊类物品火灾
			石油库储存油品火灾
职业健康事故	人员伤亡事故	物体打击	
		车辆伤害	
		机械伤害	
		起重伤害	

续表

大类	中类	小类	细类
职业健康事故	人员伤亡事故	触电	
		淹溺	
		灼烫	
		高处坠落	
		中毒和窒息	
	职业病事件		
	传染病事件		
环境事件	环境污染事故		
	生态破坏事故		
	突发环境污染事件	有害物质泄漏事件	
		环境生态破坏事件	

根据 GB 6441—1986《企业职工伤亡事故分类》、GB/T 28921—2012《自然灾害分类与代码》、GB 12158—2006《防止静电事故通用导则》、Q/SY 8310—2016《水体污染事故风险预防与控制措施管理要求》、GA/T 970—2011《危险化学品泄漏事故处置行动要则》、DL/T 518—2012《电力生产人身事故伤害分类与代码》等标准规范，按照起因物、致害物、伤害方式等对事故进行划分，见表 4-17。

表 4-17 石油储运企业职工伤亡事故划分表

序号	GB 6441—1986《企业职工伤亡事故分类》	GB/T 28921—2012《自然灾害分类与代码》	GB 12158—2006《防止静电事故通用导则》	Q/SY 8310—2016《水体污染事故风险预防与控制措施管理要求》	GA/T 970—2011《危险化学品泄漏事故处置行动要则》	DL/T 518—2012《电力生产人身事故伤害分类与代码》	集成名称
1	物体打击					物体打击	物体打击
2	车辆伤害				道路交通		车辆伤害
3	机械伤害				机械工具伤害		机械伤害
4	起重伤害					起重伤害	起重伤害
5	触电					触电	触电
6	淹溺					淹溺	淹溺
7	灼烫					灼烫	灼烫
8	火灾					火灾	火灾

续表

序号	GB 6441—1986《企业职工伤亡事故分类》	GB/T 28921—2012《自然灾害分类与代码》	GB 12158—2006《防止静电事故通用导则》	Q/SY 8310—2016《水体污染事故风险预防与控制措施管理要求》	GA/T 970—2011《危险化学品泄漏事故处置行动要则》	DL/T 518—2012《电力生产人身事故伤害分类与代码》	集成名称
9	高处坠落					高处坠落	高处坠落
10	坍塌					坍塌	坍塌
11	冒顶片帮						冒顶片帮
12	透水						透水
13	放炮						放炮
14	火药爆炸				爆炸		火药爆炸
15	瓦斯爆炸						油气爆炸
16	锅炉爆炸						锅炉爆炸
17	容器爆炸				受压容器爆炸		容器爆炸
18	其他爆炸						其他爆炸
19	中毒和窒息				中毒和窒息		中毒和窒息
20		气象灾害					气象灾害
21		地质地震灾害					地质地震灾害
22		海洋灾害					海洋灾害
23		生物灾害					生物灾害
24		生态环境灾害					生态环境灾害
25			静电事故				静电事故
26				水体污染事故			水体污染事故
27						刺割	刺割
28						倒杆	倒杆
29						冻伤	冻伤
30						辐射	辐射
31					化学品泄漏事故		泄漏事故
32	其他伤害					其他伤害	其他伤害

(四)管道风险类型

根据《管道风险管理手册》、SY/T 6515—2010《露天热表面引燃液态烃类及其蒸气的风险评价》、SY/T 6631—2005《危害辨识、风险评价和风险控制推荐作法》、SY/T 6653—2013《基于风险的检查(RBI)推荐作法》、SY/T 6714—2008《基于风险检验的基础方法》、SY/T 6828—2011《油气管道地质灾害风险管理技术规范》、SY/T 6830—2011《输油站场管道和储罐泄漏的风险管理》、SY/T 6859《油气输送管道风险评价导则》、SY/T 6891.1—2012《油气管道风险评价方法 第1部分:半定量评价法》和Q/SY 1180.3—2014《管道完整性管理规范 第3部分:管道风险评价》,进行管道风险划分。管道风险主要以物理危害因素、环境危害因素和管理危害因素为引发诱因,产生的风险类型为:物理破坏风险、第三方破坏风险、地质灾害风险、自然灾害风险、污染风险和管理风险,见表4-18。

表4-18 管道风险划分表

大类	中类	小类
物理损坏风险	腐蚀风险	传输介质腐蚀风险
		土壤腐蚀风险
	爆管风险	
	断裂风险	
	材质缺陷风险	
	泄漏风险	
第三方破坏风险	第三方施工破坏风险	管线附近取石
		管线附近挖塘
		管线附近修渠
		管线附堆物
		管线附近取土
	第三方违章占压风险	管线附近修建筑物
		管线附近种植植物
	勘探爆破破坏风险	
地质灾害风险	沉降风险	
	泥土位移风险	
	水土流失风险	
	坍塌风险	
	滑坡风险	
	泥石流风险	

续表

大类	中类	小类
地质灾害风险	地面塌陷风险	
	地面沉降风险	
	地裂缝风险	
	其他地质风险	
气象水文灾害风险	水灾风险	
	干旱灾害风险	
	洪涝灾害风险	
	台风灾害风险	
	暴雨灾害风险	
	大风灾害风险	
	冰雹灾害风险	
	雷电灾害风险	
	低温灾害风险	
	冰雪灾害风险	
	高温灾害风险	
	沙尘暴灾害风险	
	其他气象水文灾害风险	
排放污染风险	河流污染风险	
	森林污染风险	
	风景区污染风险	
	大气污染风险	
	土壤污染风险	
	声环境污染风险	
	振动环境污染风险	
	光环境污染风险	
	其他环境污染风险	
管理风险	巡检不到位风险	
	巡检漏项风险	
	隐患处理不及时风险	
	职责分配不到位风险	

(五)站场风险类型

根据 SY/T 6515—2010《露天热表面引燃液态烃类及其蒸气的风险评价》、SY/T 6631—2005《危害辨识、风险评价和风险控制推荐作法》、SY/T 6830—2011《输油站场管道和储罐泄漏的风险管理》和 Q/SY 1516—2012《设施完整性管理规范》,对站场风险进行划分,见表4-19。

表4-19 站场风险划分表

大类	中类	小类	细类
物理爆炸	设备缺陷	设备设施设计不符合规范	
		选材不合理	
		设备制作焊接质量不合格	
		设备安装存在缺陷	
	设备超压	仪表故障致使系统超压	
		安全阀失效	
		泄压阀失效	
		操作失误	
		管路堵塞	
火灾和爆炸	天然气泄漏	设备管道腐蚀	
		密封件失效	
		仪表故障	
		设备管道超压运行	
		焊口缺陷	
		操作失误	
		人为破坏	
		自然破坏	
	火源存在	禁火区施工动火	
		雷电	
		静电火花	
		金属撞击火花	
		吸烟	
		高温	
		烟花爆竹	
		自燃物质存在	

续表

大类	中类	小类	细类
中毒和窒息	中毒	甲烷浓度超标	
		硫化氢浓度超标	
	窒息	富氧窒息	
		缺氧窒息	
触电	电器设备	动力开关柜	
		电缆	
		自控仪表	
		照明灯具	
	行为违规	违章操作	
		电器设备、设施绝缘损坏	
噪声	噪声声源	生产机械噪声	发电机噪声
			压缩机噪声
			油泵噪声
			塔设备噪声
			换热设备噪声
			水处理设备噪声
			环保设备噪声
			管道堵塞性噪声
			管道气堵性噪声
			机泵转速偏高
			其他机械设备噪声
		施工机械噪声	施工车辆噪声
			搅拌机械噪声
			空压机噪声
			风机噪声
			电磁噪声
		爆破噪声	土石方爆破作业
		电磁性噪声	
		流体动力性噪声	

续表

大类	中类	小类	细类
噪声	噪声声源	交通工具跨越噪声	公路跨越噪声
			铁路跨越噪声
		其他噪声	
泄漏	管道泄漏	与时间有关的因素	管道外腐蚀
			管道内腐蚀
			管道应力腐蚀开裂
		稳定因素	与制管有关的缺陷
			与焊缝/组装有关的缺陷
			设备缺陷
		与时间无关的因素	第三方/机械损坏
			误操作
			与气候有关的因素和外力因素
			水击
		与环境有关因素	酸性介质
			杂散电流
			机械振动
			水流冲蚀
	阀及阀件泄漏	外漏	密封填料泄漏
			连接处泄漏
			本体泄漏
			排污阀泄漏
			丝杆卡堵泄漏
			密封面变形泄漏
		内漏	内腐蚀泄漏
			杂质堵塞关闭不严泄漏
			丝杆卡堵泄漏
			传递机构变形泄漏
			密封面腐蚀泄漏
			密封脂缺乏泄漏

续表

大类	中类	小类	细类
泄漏	储罐泄漏	基础的不均匀下降	地基质量
			湿陷性黄土
			地震
		地板腐蚀	
		焊缝缺陷	
		罐顶顶板焊缝及罐顶附件焊缝裂纹、开焊和穿孔	
		罐顶中心板、每块瓜皮板及其肋板处不紧固现象	
		罐顶防腐层破损	
		浮顶单盘板、船舱顶板及船壁、浮筒等焊缝和连接处裂纹、开焊、穿孔等现象	
		浮舱腐蚀及渗漏	
		浮顶防腐层破损	
		壁板焊缝缺陷	
		大角焊缝缺陷	
		罐壁腐蚀	
		罐壁接管的各种缺陷	
		人孔、排水阀、蒸汽阀盘根渗漏	
		加热盘管渗漏	
		浮顶与罐壁的密封性及密封件老化现象	
		浮顶中央排水管和紧急排水管渗漏	
		接地及静电导出系统保护不良	
		阴极保护系统缺陷	
		误操作	
	机泵设备	管线连接点泄漏	
		泵体及附件设施静密封点泄漏	
		轴封损坏泄漏	

续表

大类	中类	小类	细类
泄漏	压缩机	气缸泄漏	
		气阀泄漏	
		活塞环密封泄漏	
		进出口管线开裂泄漏	
		润滑油泄漏	
	加热设备	盘管内漏泄漏	
		加热气源泄漏	
	混油处理设备	热蒸汽管泄漏	
		管线开裂泄漏	
	气（液）体容器	法兰连接处松动泄漏	
		焊缝开裂泄漏	
振动	机泵设备	地脚螺栓松动	
		转动轴润滑不均匀	
		叶轮磨损偏心	
	压缩机	地脚螺栓松动	
		曲轴间隙过大	
		电动机轴心偏心	
		空冷机风扇间隙过大	
		压缩机进出口管线振动	
	交通工具跨越	道路穿越管线护管锈蚀压扁	
		道路穿越管线埋深不足	

（六）油库风险类型

根据 SY/T 0087.3—2010《钢质管道及储罐腐蚀评价标准 钢质储罐直接评价》、SY/T 0607—2006《转运油库和储罐设施的设计、施工、操作、维护与检验》、SY/T 4080—2010《管道、储罐渗漏检测方法标准》、SY/T 5921—2011《立式圆筒形钢制焊接油罐操作维护修理规程》、SY/T 6620—2005《油罐检验、修理、改建和翻建》、SY/T 6631—2005《危害辨识、风险评价和风险控制推荐作法》、SY/T 6696—2014《储罐机械清洗作业规范》、SY/T 6306—2014《钢质原油储罐的运行安全规范》、SY/T 6830—2011《输油站场管道和储罐泄漏的风险管理》、SY/T 6926—2012《常压和低压储罐检验的推荐作法》、AQ 3018—2008《危险化学品储罐区作业安全通则》、AQ/T 3042—2013《外浮顶原油储罐机械清洗安全作业要求》,对油库风险进行划分,见表4-20。

表4-20 油库风险划分表

大类	中类	小类	细类
火灾和爆炸风险	火灾风险		
	爆炸风险	物理爆炸	设备设施缺陷
			运行超压
		气体爆炸	
		雷击爆炸	
	电气火灾	电气设备缺陷	
		电气设备导线过载	
		电气设备安装或使用不当	接线头发热
			电线出现磨损
		电气设施故障发热	
触电风险	电击风险	电线裸露	
		漏电	线路漏电
			外壳漏电
		单相电击	
		双相电击	
		跨步电击	
	电伤风险	电烧伤	
		电弧烧伤	
		电流灼伤	
		电烙印	
		皮肤金属化	
		机械损伤	
		电光性眼炎	
人身伤害风险	机械伤害		
	高处坠落		
	缺氧风险		

续表

大类	中类	小类	细类
人身伤害风险	有毒物质	有毒液体	
		有毒气体	
		烟尘	
		灰尘	
	物体打击		
腐蚀风险	外部腐蚀	储罐基础腐蚀物	炉渣含硫化物
			沙衬垫的黏土、木头、砂粒或者碎石
			衬垫缺陷
			排水不良
		以前泄漏遗留物	
		绝缘层吸水作用	
		含硫大气、酸性大气、水下环境对保护涂层损坏	
		水或者沉积物积聚	
	内部腐蚀或劣化	储罐壳体耐腐能力	
		衬里耐腐能力	
		液体上方气体	硫化氢
			水蒸气
			氧气
			混合气体
		储存液体接触面	酸式盐
			硫化氢
			其他硫化物
			含水混合物
		储存介质与焊缝和热影响区反应	应力腐蚀开裂
			乙醇、二乙醇胺和碱性产品
			高应力集中区域
		内部损伤	氢鼓疱、氢致开裂、碱性应力腐蚀开裂、电解质腐蚀和酸蚀

续表

大类	中类	小类	细类
泄漏风险	缺陷性泄漏		
	脆性断裂泄漏		
	腐蚀泄漏		
	裂纹泄漏	设计不当	
		加工不当	
		维护不当	罐底与罐壳连接处
			接管连接处
			人孔处
			铆钉孔或铆钉头附近
			焊接托架或支架以及焊缝处
			储罐底板三板处
			罐壳下部焊缝
	机械劣化	基础下沉	
	通风设施		
	介质泄漏或水流进储罐	排水管道、机械接头和软管泄漏	
辅助设备劣化与失效	真空呼吸阀和阻火器失效	存在污垢	
		活动部件的导向器或底座之间腐蚀	
		鸟类或者昆虫带来杂物的沉积	
		结冰	
		喷砂材料积累	
		喷漆遗留物	
		未经授权的填实作业	
	计量浮子泄漏	腐蚀或开裂	
	浮式计量设施失效	滑轮失效	
		浮尺弯曲或断裂	
		导向器堵塞	
	机械损伤	杂物、冰	

续表

大类	中类	小类	细类
辅助设备劣化与失效	浮顶排水设施故障	堵塞	
		浮顶转动	
	罐顶沉没或浸没	介质泄漏至浮顶	
	辅助部件劣化	腐蚀、分离和其他外力	
		机械设备、散流器、喷嘴、折流板、振动器等腐蚀	
		参见 SY/T 6620 附录 C	
其他风险	溢油		
	抽瘪或鼓包		
	浮顶卡阻或倾斜		
	浮顶单盘积水		
	浮顶积油		
	浮顶平台歪斜或断裂		
	浮顶软密封、挡雨板损坏		

（七）作业风险类型

根据 AQ/T 5209—2011《涂装作业危险有害因素分类》编制作业风险划分表，见表4-21。

表 4-21　作业风险划分表

大类	中类	小类
人身伤害风险	高处坠落风险	
	交叉作业伤害风险	
	高温烫伤风险	
	低温冻伤风险	
	辐射风险	电焊焊接辐射风险
	中暑风险	
	触电风险	
	高空坠物风险	
	缺氧窒息风险	

续表

大类	中类	小类
人身伤害风险	淹溺风险	
	塌方风险	
	危险化学品伤害风险	
	绊倒风险	
	中毒风险	
	火灾风险	
	爆炸风险	
	泄漏风险	
	滑跌风险	
	扭伤风险	
	碰撞风险	
	砸伤风险	
	起重伤害风险	
	机械伤害风险	
职业病风险	噪声伤害风险	
	粉尘污染风险	
	振动伤害风险	
	辐射伤害风险	
	有害物质吸入风险	
设备设施风险	设备损坏风险	设备使用不当损坏风险
		设备超负荷损坏风险
	设备选用风险	型号选用不当风险
		设备状况选用不当风险
	设备缺陷风险	设备材质缺陷
		设备设计缺陷
		设备功能缺陷
		设计工艺缺陷

续表

大类	中类	小类
组织管理风险	任务组织设计风险	作业计划编制风险
		作业指导标准选用风险
	人员配置风险	
	工期拖延风险	
	工作流程风险	
工作质量风险	工作标准风险	
	工作任务合格率风险	
	责任心不足风险	
	巡检不到位风险	
环境风险	作业地区植被破坏风险	土壤植被车辆碾压风险
		植物砍伐风险
	环境污染风险	固体废弃物污染风险
		设备噪声污染风险
		作业废弃污水、油污污染风险
		生活废弃物污染风险
	机械排放废气、废油、废水	
	气候风险	夏季高温风险
		冬季低温风险
		台风、洪水、沙尘暴等风险
	地质风险	采空区塌陷风险
		地质沉降区塌陷风险
	受限空间风险	
	治安风险	

注：作业主要涉及过程安全、信息安全、供应安全。

(八)职业健康风险类型

根据《职业病诊断与鉴定管理办法》(2013 卫生部令第 91 号)以及 2013 年 12 月 23 日，国家卫生计生委、人力资源社会保障部、安全监管总局、全国总工会 4 部门联合印发《职业病分类和目录》，编制职业健康风险划分表，见表 4-22。

表 4-22 职业健康风险划分表

大类	中类	小类
危险物质	化学	有毒有害物质吸入伤害风险
		辐射伤害风险
		粉尘吸入伤害风险
	物理	噪声损害风险
		振动伤害风险
		高温伤害风险
		电磁辐射伤害风险
	生物	传染病伤害风险
		皮肤病伤害风险
		眼部疾病风险
		耳鼻喉疾病风险
		肿瘤疾病风险
设施	带电设施	触电伤害风险
		线路发热引发火灾风险
		电弧伤害风险
	高温设施	烫伤风险
		热辐射风险
	危化品装置	危化品伤害风险
工作环境	作业空间	受限空间
	人体工效	强迫体位风险
劳动组织	劳动强度	负荷超限风险
	时间安排	女工职业禁忌风险

(九)环境风险类型

根据《中华人民共和国环境保护法》、HJ 2.2《环境影响评价技术导则 大气环境》、GB/T 28921—2012《自然灾害分类与代码》和 GB/Z 20986—2007《信息安全技术 信息安全事件分类分级指南》,编制自然灾害划分表,见表 4-23。

表 4-23 自然灾害划分表

大类	中类	小类
气象水文灾害	干旱灾害	
	洪涝灾害	
	台风灾害	
	暴雨灾害	
	大风灾害	
	冰雹灾害	
	雷电灾害	
	低温灾害	
	冰雪灾害	
	高温灾害	
	沙尘暴灾害	
	其他气象水文灾害	水源枯竭灾害
		土地沙化、盐渍化、贫瘠化、沼泽化
地质地震灾害	地震灾害	
	火山灾害	
	崩塌灾害	
	滑坡灾害	
	泥石流灾害	
	地面塌陷灾害	
	地面沉降灾害	
	地裂缝灾害	
	其他地质灾害	地面沉降灾害
海洋灾害	风暴潮灾害	
	海浪灾害	
	海冰灾害	
	海啸灾害	

续表

大类	中类	小类
海洋灾害	赤潮灾害	
	其他海洋灾害	
生物灾害	植物病灾害	
	疫病灾害	
	鼠害	
	草害	
	赤潮灾害	
	森林/草原火灾	
	其他生物灾害	植被破坏灾害
		种源灭绝灾害
生态灾害	水土流失灾害	
	风蚀沙化灾害	
	盐渍化灾害	
	石漠化灾害	
	其他生态灾害	

根据 GB/T 16705—1996《环境污染类别代码》，编制环境污染类别表，见表 4-24。

表 4-24 环境污染类别表

大类	中类	小类
环境污染主体	天然污染	
	人为污染	
	其他环境污染主体	
环境污染性质	物理污染	
	化学污染	
	生物污染	
	其他环境污染性质	

续表

大类	中类	小类
环境污染对象	大气污染	
	水源污染	地表水体污染
		地下水体污染
	海洋环境污染	
	土壤环境污染	
	声环境污染	
	振动环境污染	
	放射环境污染	
	电磁环境污染	
	光环境污染	
	热环境污染	
	嗅觉环境污染	
	其他环境污染对象	
环境污染范围	全球性污染	
	区域性污染	
	局部性污染	
	其他环境污染范围	
环境污染方式	直接污染	
	间接污染	
	潜在污染	
	其他环境污染方式	
其他环境污染类别		
其他环境污染类别的环境污染		

结合 AQ/T 5209—2011《涂装作业危险有害因素分类》,形成作业环境风险划分表,见表 4-25。

表 4-25　作业环境风险划分表

大类	中类	小类
物理环境	噪声环境	
	电气环境	
	压力环境	
	高温环境	
	低温环境	
	爆炸环境	电气爆炸环境
		火药爆炸环境
	供氧环境	
化学环境	有毒气体环境	
	易燃易爆环境	
	危化品环境	
	放射性环境	
	粉尘环境	
作业空间	工作场所	作业场所狭窄
		作业场地杂乱
		地面滑
	工作环境	照明光线不良
		通风不良
		环境温度、湿度不当
		交通线路的配置不安全
	爆炸环境	粉尘
		天然气泄漏
	操作环境	有限空间
		带电作业
		高空作业

二、风险分析

风险分析是根据危害因素的类型、属性、获得的信息和危害因素识别的结果，找出导致风险的原因、风险源的过程。目的是为了查找形成风险的根本原因、问题性质和发生机理。

风险分析主要使用事故树、事件树分析法和因果图分析法。

因果图分析法通过一张图把引起事故的错综复杂的因果关系,直观地表述出来,用以分析事故产生的原因和研究预防事故的措施。因果图由结果、要因和根原因三部分组成。其中,结果:表示期望进行改善、追查和控制的对象。要因:表示造成结果可能施加影响的因素。根本原因:表示引起要因发生变化的基本原因,如图4-1所示。

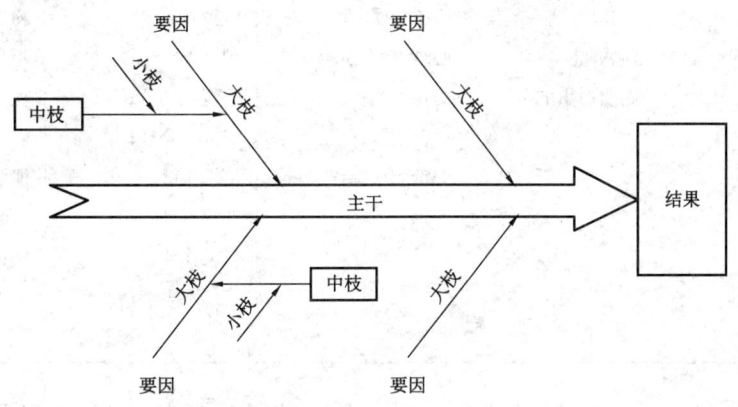

图4-1 因果图示意图

因果图中央的枝干为主干,用双箭头表示。从主干两边依次展开的枝干为大枝(大原因,后果的影响方面,即人员、物料、管理和环境),大枝两侧展开的枝干为中枝(中原因,大原因的构成主体),中枝两侧展开的枝干为小枝(小原因,造成中原因的基础原因),用单箭头表示。注意,不是所有的中原因都有小原因。

因果分析法应用步骤:

(1)确定分析对象,找出作为问题的结果。

(2)依据问题的四大方面"人、物、环、管"形成因果图主体框架。

(3)展开头脑风暴,采用原因穷举法,分析产生问题或事故的原因(原因分析法应细化到能采取措施进行处置为止)。

(4)整理原因,把所有原因从大到小,按其关系用箭线连接起来,画到图纸上。

(5)主要原因找出后,应进行实际核查、验证,逐个排除与事故无关的因素,确定最后原因。主要原因要做标记,用线框起来。

(6)相关结果记录在记录表中。

在完成因果图的绘制后,要组织相关的各专业人员进行沟通,把因果图的内在逻辑关系梳理清楚;注意问题的划分和归类,当获取的分析原因归结到人、物、环、管的其中一个方面时,不能把归属于人的因素归结到其他的方面。

因果图分析与整理完成后,可以根据问题数据统计情况确定出引起问题的主要原因,也可根据排序方法确定主要原因。因果分析与整理见表4-26。

表 4-26　第一、二类危险源控制关键节点表

第一类危险源		第二类危险源		
物理因素	化学因素	操作因素	管理因素	环境因素
压力危险；	火灾危险物质；	违章操作；	违章指挥；	坠落危险；
电气危险；	爆炸危险物质；	操作失误；	作业许可；	坍塌危险；
机械危险；	中毒危险物质；	维护失误；	监护失当；	粉尘危险；
坠落危险；	腐蚀危险物质；	心理、生理异常；	制度不配套；	窒息危险；
辐射危险；	材料/物质产生的危险	防护不当；	监督不到位；	振动危险；
振动危险；		负荷超限；	安排不合理；	噪声危险；
噪声危险；		关键响应错误	培训不够；	泄漏危险；
运动物危险；			变更管理；	淹溺危险；
泄漏危险；			交叉作业；	气象危险；
热冷源危险；			奖惩不力	人类工效学危险
化学性危险				

风险分析是风险评价、风险排序和风险控制措施编制的前提，在因果图分析法使用时：

（1）在完成因果图的绘制后，要组织相关的各专业人员进行沟通，把因果图的内在逻辑关系梳理清楚。

（2）注意问题的划分和归类，当获取的分析原因归结到人、物、环、管的其中一个方面时，不能把归属于人的因素归结到其他的方面。

（3）因果图分析与整理完成后，要根据问题数据统计情况或风险排序方法确定出引起问题的主要原因，为风险控制提供依据。

三、风险后果描述

（一）风险的原因

危害因素是危险有害因素的简称，指可能导致人身伤害或疾病、财产损失、管理失序、工作环境破坏或这些情况组合的根源、状态或行为（引起事故事件的起因）。

危害因素的描述方法：根据危害因素产生的部位或环节，结合相关的标准规范，描述危害属性、特征、状态、程度、表现等。描述形式为：

名词 + 形容词。

名词为功能组件或活动，形容词为描述不良属性、特征、状态程度和表现等的词语。

如：盘根泄漏、管道锈蚀、注脂嘴变形、保养内容不完整、负荷超限等。

危害因素风险后果描述的要简单明了，参见表 4-27。

表 4-27　常见危害因素后果对照表

危害因素	后果		
	健康	安全	环境
噪声	健康损害	人身伤害	噪声污染、公害、野生生物危害
振动	健康损害	人身伤害、机械损伤	噪声污染
工频电场	健康损害	人身伤害	生物伤害
人机工程	健康损害	人身伤害	
高低温	健康损害	人身伤害	生物伤害
缺氧	健康损害	人身伤害	
烟尘	健康损害	人身伤害	
有毒有害物质	健康损害	人身伤害	大气污染、土壤污染、生物伤害
辐射	健康损害	人身伤害	生态危害
负荷超限	健康损害	人身伤害	
食品卫生	健康损害	人身伤害	疾病传播
致病生物	健康损害	人身伤害	疾病传播
禁忌作业	健康损害、机能失调	人身伤害	
心理异常	健康损害、辨识失误	应急失当	
泄漏	健康损害	火灾	大气污染
着火	健康损害	火灾	温室效应
爆炸	健康损害	财产损伤、人身伤害	噪声、压力波、生物伤害
坍塌		人身伤害	
触电	健康损害	人身伤害	
高处坠落	健康损害	人身伤害	
中毒	健康损害	人身伤害	
灼烫	健康损害	人身伤害	
腐蚀	健康损害	财产损失	
物体打击	健康损害	人身伤害	
车辆伤害		人身伤害、财产损失	
机械伤害		人身伤害、财产损失	
起重伤害		人身伤害、财产损失	

续表

危害因素	后果		
	健康	安全	环境
淹溺	健康损害	人身伤害	
天然气放空	健康损害	火灾爆炸	大气污染、全球变暖、大气臭氧增加
工业固废	健康损害	人身伤害	土壤污染
工业废水	健康损害		水资源消耗、水体污染、土壤污染
尾气排放	健康损害		大气污染
油气挥发	健康损害	火灾爆炸	大气污染
热量排放	健康损害		能源消耗、温室效应、公害、生态危害
土壤污染	健康损害		土壤污染、生物危害、植物窒息
水体污染	健康损害		水体污染
大气污染	呼吸道危害		大气污染、恶臭公害
能源/燃料/原料消耗			能源/燃料/原料消耗、温室效应、公害、生态危害
水资源消耗			水资源浪费
生活污水			水资源消耗、水体污染、土壤污染
生活垃圾	健康损害		土壤污染

应用事故树分析法或因果分析法查找产生事故的直接原因,事故事件的直接原因主要有物的不安全状态和人的不安全行为。

事故事件的次要原因或间接原因为:

(1)技术和设计上有缺陷——工业构件、建筑物、机械设备、仪器仪表、工艺过程、操作方法、维修检验等的设计,施工和材料使用存在问题。

(2)教育培训不够,未经培训,缺乏或不懂安全操作技术知识。

(3)劳动组织不合理。

(4)对现场工作缺乏检查或指导错误。

(5)没有安全操作规程或不健全。

(6)没有或不认真实施事故预防措施。

(二)风险后果描述原则

根据风险评价的准则,对危害因素可能伤害到的人员、财产、环境、质量、社会等,针对可能造成的伤害、缺陷、隐患、缺失、故障、偏差等的结果状态进行描述。要描述至事故的前件(起因段)或中间件(质变发生段)。

（三）风险后果描述方法

风险后果的描述主要根据危害因素伤害的对象、性质进行描述，描述的方法为：

名词 + 动词。

名词为：风险因素；动词为：某一特定行动或动作。

风险描述要结合员工、设备设施、环境等受到的伤害进行描述，也可结合相关标准规范进行描述。描述形式为：

名称 + 动词 + "风险"。

名称为：风险伤害对象；动词为：伤害动作。如：人身伤害、设备损坏、财产损失、环境污染、储罐泄漏、管道冲蚀等。

（四）风险情景描述内容

风险情景描述主要涉及五个方面：

（1）起源；

（2）方式；

（3）途径；

（4）受体；

（5）后果。

参考标准规范：GB/T 28458—2012《信息安全技术　安全漏洞标识与描述规范》。

四、风险评价准则

组织风险准则的编制是与企业的风险目标、风险偏好、风险承受度（容忍度）和风险等级状况是密切相关的。编制组织风险准则时需要考虑的因素为：（1）可能发生的后果的性质、类型以及后果的度量；（2）可能性的度量；（3）可能性和后果的时限；（4）风险的度量方法；（5）风险等级的确定；（6）利益相关者可接受的风险或可容许的风险等级；（7）多种风险的组合影响。

风险评价准则编制的主要依据：GB/T 27921—2011《风险管理　风险评估技术》、SY/T 6631—2005《危害辨识、风险评价和风险控制推荐作法》、AQ/T 3046—2013《化工企业定量风险评价导则》、HJ/T 169—2004《建设项目环境风险评价技术导则》、Q/SY 1356—2010《风险评估规范》。

风险评价准则编制的参考标准：

管道部分：SY/T 6859《油气输送管道风险评价导则》、SY/T 6891.1—2012《油气管道风险评价方法　第1部分：半定量评价法》、Q/SY 1481—2012《输气管道第三方损坏风险评估半定量法》。

站场部分：GB/T 16856—2015《机械安全　风险评估　实施指南和方法举例》、GB/T 22696.2—2008《电气设备的安全　风险评估和风险降低　第2部分：风险分析和风险评价》、Q/SY 1594—2013《油气管道站场量化风险评价（QRA）导则》。

油库部分：SY/T 0087.3—2010《钢质管道及储罐腐蚀评价标准　钢质储罐直接评价》。

(一)严重性标准

根据2007年4月颁布的《生产安全事故报告和调查处理条例》(国务院令第493号),生产安全事故分级为四类,见表4-28。

表4-28 生产安全事故分级表

等级	评价指标		
	死亡人数	受伤害人数	财产损失
特别重大事故	30人以上死亡	100人以上重伤(包括急性工业中毒,下同)	1亿元以上直接经济损失
重大事故	10人以上30人以下死亡	50人以上100人以下重伤	5000万元以上1亿元以下直接经济损失
较大事故	3人以上10人以下死亡	10人以上50人以下重伤	1000万元以上5000万元以下直接经济损失
一般事故	3人以下死亡	10人以下重伤	1000万元以下直接经济损失

企业结合表4-28,编制以人员伤亡数为衡量对象的风险严重度,见表4-29。

表4-29 人员伤害严重度取值表

潜在影响		定义
1	极低	医疗事件或急救箱事件
2	低	轻伤3人以下(不包括3人)
3	中	小于3人重伤(不包括3人);轻伤3人以上10人以下。(不包括10人)
4	高	死亡1至2人;或重伤3人及以上10人以下
5	极高	死亡3人以上,含3人,或重伤10人以上

企业结合表4-28,编制以财产损伤数为衡量对象的风险严重度,见表4-30。

表4-30 财产损失严重度取值表

潜在影响		定义
1	极低	直接经济损失1000元以下
2	低	直接经济损失1000元~10万元
3	中	直接经济损失10~100万元
4	高	直接经济损失100~1000万元
5	极高	直接经济损失>1000万元

根据国家环境保护部2011年3月发布的《突发环境事件信息报告办法》(环境保护部令第17号)对环境事件级别分为四级,见表4-31。

表 4-31 环境事件分级表

级别	伤亡或疾病	人口转移	经济损失	生态破坏	水源	重金属	放射源	跨界影响
特别重大突发环境事件（Ⅰ级）	（1）因环境污染直接导致10人以上死亡或100人以上中毒的	（2）因环境污染需疏散、转移群众5万人以上的	（3）因环境污染造成直接经济损失1亿元以上的	（4）因环境污染造成区域生态功能丧失或国家重点保护物种灭绝的	（5）因环境污染造成地市级以上城市集中式饮用水水源地取水中断的		（6）1、2类放射源失控造成大范围严重辐射污染后果的；核设施发生核事故或核设施发生严重核事故，或核辐射后果可能影响邻省和境外的，或按照"国际核事件分级（INES）标准"属于3级以上的核事件；台湾核设施中发生的按照"国际核事件分级（INES）标准"属于4级以上的核事故；周边国家核设施中发生的按照"国际核事件分级（INES）标准"属于4级以上的核事故	（7）跨国界突发环境事件
重大突发环境事件（Ⅱ级）	（1）因环境污染直接导致3人以上10人以下死亡或50人以上100人以下中毒的	（2）因环境污染需疏散、转移群众1万人以上5万人以下的	（3）因环境造成直接经济损失2000万元以上1亿元以下的	（4）因环境污染造成部分区域生态功能丧失或国家重点保护野生动植物种群大批死亡的	（5）因环境污染造成县级城市集中式饮用水水源地取水中断的	（6）重金属污染或危险化学品生产、贮运，使用过程中发生爆炸、泄漏等事件，或危险废物倾倒、堆放、丢弃、遗撒危险废物等造成的突发环境事件发生在国家级自然保护区、风景名胜区、国家级居民聚集区、学校等敏感区域的	（7）1、2类放射源丢失、被盗、失控，或核设施和铀矿冶炼设施发生的境影响，或监控区应急状态标准，或进口货物严重辐射超标的事件	（8）跨省（区、市）界突发环境事件
较大突发环境事件（Ⅲ级）	（1）因环境直接导致3人以下死亡10人以下或50人以下中毒的	（2）因环境污染需疏散、转移群众5000人以上1万人以下的	（3）因环境造成直接经济损失500万元以上2000万元以下的	（4）因环境造成国家重点保护的动植物种受到破坏的	（5）因环境污染造成乡镇集中式饮用水水源地取水中断的		（6）3类放射源丢失、被盗或失控，造成环境影响的	（7）跨地市界突发环境事件
一般突发环境事件（Ⅳ级）	除特别重大突发环境事件、重大突发环境事件、较大突发环境事件以外的突发环境事件							

企业结合表4-31,编制以环境影响为衡量对象的风险严重度,见表4-32。

表4-32 环境影响严重度取值表

潜在影响		定义
1	极低	基本无影响或轻微影响
2	低	造成环境污染;出现一次超过法定或规定的环境排放限额的情况;遭到过一次投诉;对环境没有造成持续影响
3	中	多次超过法定或规定的环境排放限额或项目要求的排放量
4	高	造成多种环境破坏;需要采取大量的措施来修复造成的环境污染,以恢复其原始状态
5	极高	造成多种持续的环境破坏或损害范围扩散面极大;由于商业或修复工作或生态保护原因,需要进行重大经济赔偿

企业结合Q/SY 1356—2010《风险评估规范》表B.1,编制以名誉损失为衡量对象的风险严重度,见表4-33。

表4-33 名誉损失严重度取值表

潜在影响		定义
1	极低	公众对事件有反应,但是没有表示关注
2	低	一些当地公众表示关注,受到一些指责;一些媒体有报道和政治上的重视
3	中	引起整个区域公众的关注,大量的指责,当地媒体大量反面的报道,国内媒体负面报道,当地或地区或国家政策的可能限制措施,许可证使用受到影响,引发群众集会等
4	高	引起国内公众的反应;持续不断的指责,国家级媒体的大量负面报道,地区或国家政策的可能限制措施,许可证使用受到影响;引发群众集会
5	极高	引起国际影响和国际关注;国际媒体大量反面报道,国际或国内政策上的关注;可能对进入新的地区得到许可证不利,受到群众的压力;对承包商或业主在其他国家的经营产生不利影响

企业结合Q/SY 1356—2010《风险评估规范》表B.1,编制以法律违规为衡量对象的风险严重度,见表4-34。

表4-34 法规违反严重度取值表

潜在影响		定义
1	极低	可能存在轻微的违反法规的问题
2	低	违反法规,伴随处罚或诉讼
3	中	违反法规,导致地方政府的调查或诉讼;因环境污染造成跨县级行政区域纠纷
4	高	严重违反法规,导致中央政府的调查和重大诉讼或大规模的公众投诉;因环境污染造成跨地级行政区域纠纷,使当地经济、社会活动受到影响
5	极高	严重违反法规,导致中央政府和监管机构的调查,重大的起诉和罚款,非常严重的集体诉讼

企业结合 GB/T 3608—2008《高处作业分级》等标准规范,编制以作业等级为衡量对象的风险严重度,见表 4-35。

表 4-35 作业等级与风险严重度对照表

序号	作业类型	作业等级	评价参数	严重度
1	高处作业	0	$H<2m$	1
		I	$2m \leq H<5m$	2
		II	$5 \leq H<15m$	3
		III	$15 \leq H<30m$	4
		IV	$H \geq 30m$ 以上	5
2	高温作业	I	$T=25\sim28℃$	1
		II	$T=29\sim32℃$	2
		III	$T=33\sim36℃$	3
		IV	$T=37℃$ 以上	4
3	低温作业	I	$T=-5\sim5℃$	1
		II	$T=-5\sim-10℃$	2
		III	$T=-10\sim-20℃$	3
		IV	$T<-21℃$	4
4	噪声作业	0	$80dB \leq (LEX,8h)<85dB$	1
		I	$85dB \leq (LEX,8h)<90dB$	2
		II	$90dB \leq (LEX,8h)<94dB$	3
		III	$95dB \leq (LEX,8h)<100dB$	4
		IV	$(LEX,8h) \geq 100dB$	5
5	带电作业	I	$V=0\sim32V$	2
		II	$V=33\sim69V$	3
		III	$V=70\sim140V$	4
		IV	$V>140V$	5
6	带压作业	0	$0.03MPa \leq p<0.1MPa$	1
		I	$0.1MPa \leq p<1.6MPa$	2
		II	$1.6MPa \leq p<10MPa$	3
		III	$10MPa \leq p<100MPa$	4
		IV	$p \geq 100MPa$	5

续表

序号	作业类型	作业等级	评价参数	严重度
7	有毒作业	0	$C \leqslant 0$	1
		Ⅰ	$0 < C \leqslant 6$	2
		Ⅱ	$6 < C \leqslant 24$	3
		Ⅲ	$24 < C \leqslant 96$	4
		Ⅳ	$C > 96$	5

注:1.表中符号含义:H—高处作业高度,m;T—作业环境温度,℃;LEX(8h)—8h内等效噪声,dB;V—电压,V;p—管道压力,MPa;C—有毒作业毒物分级指数,无量纲。

2.高温作业的数据以工作 2h 为基准,每增加 2h 增加一个等级;低温作业的数据以工作 4h 为基准,每增加或减少 2h 增/减一个等级。有毒作业的 C 值根据毒物危险程度级别权数、作业劳动强度和毒物超标倍数的乘积决定。

企业结合 GBZ 2.1—2007《工作场所有害因素职业接触限值 第 1 部分:化学有害因素》、GBZ 2.2—2007《工作场所有害因素职业接触限值 第 2 部分:物理因素》等标准规范要求,编制以危害物质浓度为衡量对象的风险严重度,见表 4-36。

表 4-36 职业接触危险源严重度取值表

严重度等级	1	2	3	4	5
阈限值	—	>300mg/m³	51~300mg/m³	11~50mg/m³	0.1~10mg/m³

(二)可能性标准

1.通用可能性等级取值

根据 Q/SY 1356—2010《风险评估规范》中表 A.1,编制后果可能性等级取值表,见表 4-37。

表 4-37 风险后果可能性等级取值表

可能性	可能性种类			可能性分值
	发生几率	大型灾害/事件类	日常营运	
基本确定	几率 >95%	1 年内至少发生 1 次	常常发生	5
很可能	50%< 几率 ≤ 95%	1 年内可能发生 1 次	较多情况下发生	4
有可能	30%< 几率 ≤ 50%	2~5 年内可能发生 1 次	某些情况下发生	3
不太可能	5%< 几率 ≤ 30%	5~10 年内可能发生 1 次	极少情况下发生	2
极小	几率 ≤ 5%	10 年内发生可能少于 1 次	一般情况下不会发生	1

2. 作业可能性等级取值

根据两类危险源理论,第二类危险源出现越频繁,事故发生的可能性越大。企业可结合表 4-25,编制出作业条件完整的作业风险可能性初值取值表,见表 4-38。

表 4-38 作业风险可能性初值取值表

可序号	第二类危险源个数	可能性初值
1	1 个	1
2	2～3 个	2
3	4～5 个	3
4	6～7 个	4
5	8 个以上	5

企业可结合相应的作业,应用表 4-39 中提出的参考依据,采用百分制的办法,得出作业条件修正值 β。

表 4-39 作业风险控制措施评价表

序号	指标	权重	评价	参考依据
1	危害因素识别的完整性	0.20		评价对象对应的风险目录
2	标准规范要求的满足程度	0.20		评价对象对应的标准要求
3	风险控制措施的有效性	0.15		控制措施验证的记录
4	规定运行限值在定期检测,可靠	0.15		控制措施的检验记录
5	由有经验的、有责任感的人员监护	0.15		监护人员岗位值守状况记录
6	实施的每道程序可靠性得到步步确认	0.15		安全交底记录和确认签字记录
	合计			

$$\beta = \sum A_i \times P_i \tag{4-2}$$

式中　β——作业条件修正值;
　　　A_i——指标权重;
　　　P_i——作业评价结果百分值。

在实施风险控制措施评价后,对可能性初值进行修正,见公式(4-3)。

$$\alpha = \frac{N}{\beta} \tag{4-3}$$

式中　α——可能性等级值;
　　　N——可能性初值;
　　　β——作业条件修正值。

根据修正结果对查可能性初值,结果是多少值,可能性等级就是多少。

3. 工艺环境危害风险可能性等级取值

相同或不同类的物理和化学因素之间进行对比时,则以阈限值比值法进行比较,越接近阈限值(TLV),表明其危害可能性在增加,对人体造成损害的可能性就越大。其中,阈限值比值($TLVR$)计算见公式(4-4)。

$$TLVR = \frac{实测浓度}{阈限值浓度} = \frac{C_{twa}}{PC\text{-}TWA} \tag{4-4}$$

式中 $TVLR$——阈限值比值,无量纲;
C_{twa}——实测浓度,mg/m^3;
$PC\text{-}TWA$——阈限值浓度(时间加权平均容许浓度),mg/m^3。

当阈限值比值($TLVR$)大于1的情况出现时,表明该风险是不可接受的,需立即消除。现场作业时,按照现场各工艺环境因素测定值与各自阈限值(TLV)的比值大小进行排序,数值越大表明该因素危害可能性越高,见表4-40。

表4-40 风险可能性与危害因素阈限值比值对等计算表

可能性等级 α	1	2	3	4	5
阈限值比值 $TLVR$	0～0.2	0.21～0.4	0.41～0.6	0.61～0.8	0.81～1

(三)风险度标准

风险度为危险有害因素产生事故事件可能性与后果严重度的乘积。即:

$$R = L \cdot S$$

式中 R——风险度;
L——可能性(发生的频率、概率、职业接触限值);
S——后果的严重程度(现有的预防、检测、控制措施)。

企业结合 Q/SY 1356—2010《风险评估规范》中表3,编制风险等级表,见表4-41。

表4-41 风险等级表

风险等级	风险度 R	备注
低度	$1 \leq R \leq 3$	风险很小,日常工作中极少关注或忽略
较低	$3 < R \leq 5$	风险较小,日常工作中偶尔关注
中度	$5 < R \leq 12$	一般风险,需要引起一般关注
高度	$12 < R \leq 20$	风险较大,需要引起高度关注
极高	$20 < R \leq 25$	风险很大,需要引起极大关注

（四）风险评价矩阵

1. 风险评价矩阵表

风险评价矩阵表见表 4-42。

表 4-42　风险评价矩阵表

后果严重性					可能性				
人员伤亡	财产损失	法律违规	环境污染	商誉损坏	行业未发生过（极小）	行业内曾发生过（不太可能）	集团公司发生过（有可能）	本公司内曾发生过（很可能）	站队内发生过（基本确定）
一般	一般	一般	一般	一般	1	2	3	4	5
中等	中等	中等	中等	中等	2	4	6	8	10
较大	较大	较大	较大	较大	3	6	9	12	15
重大	重大	重大	重大	重大	4	8	12	16	20
特大	特大	特大	特大	特大	5	10	15	20	25

注：风险等级为：1~3 为较低，4~5 为低，6~12 为中，15~20 为高，25 为极高。

2. 风险评价矩阵使用方法

（1）健康危害因素评价时：根据职业接触限值作为可能性，考虑人员、规模、法律和名誉四个评价指标。

（2）安全危害因素评价时：根据概率作为可能性，考虑人员、财产、法律和名誉四个评价指标。

（3）环境危害因素评价时：根据频率作为可能性，考虑规模、法律、环境和名誉四个评价指标。

风险评价准则的制定要根据企业的风险管理水平和事故事件状态。

（1）有关安全生产法律法规。

（2）工艺设计规范、技术标准。

（3）企业安全管理标准、技术标准。

（4）企业安全生产方针和目标指标等。

（五）风险评价步骤

风险评价是将风险分析的结果与组织的风险准则比较，或者风险分析的分析结果之间进行比较，确认危害因素风险等级的过程。参照 SY/T 6859—2012《油气输送管道风险评价导则》、SY/T 6891.1—2012《油气管道风险评价方法　第 1 部分：半定量评价法》和 Q/SY 1646—2013《定量风险分析导则》，结合现场风险评价要求，编制风险评价步骤。

风险评价步骤示意图如图 4-2 所示。

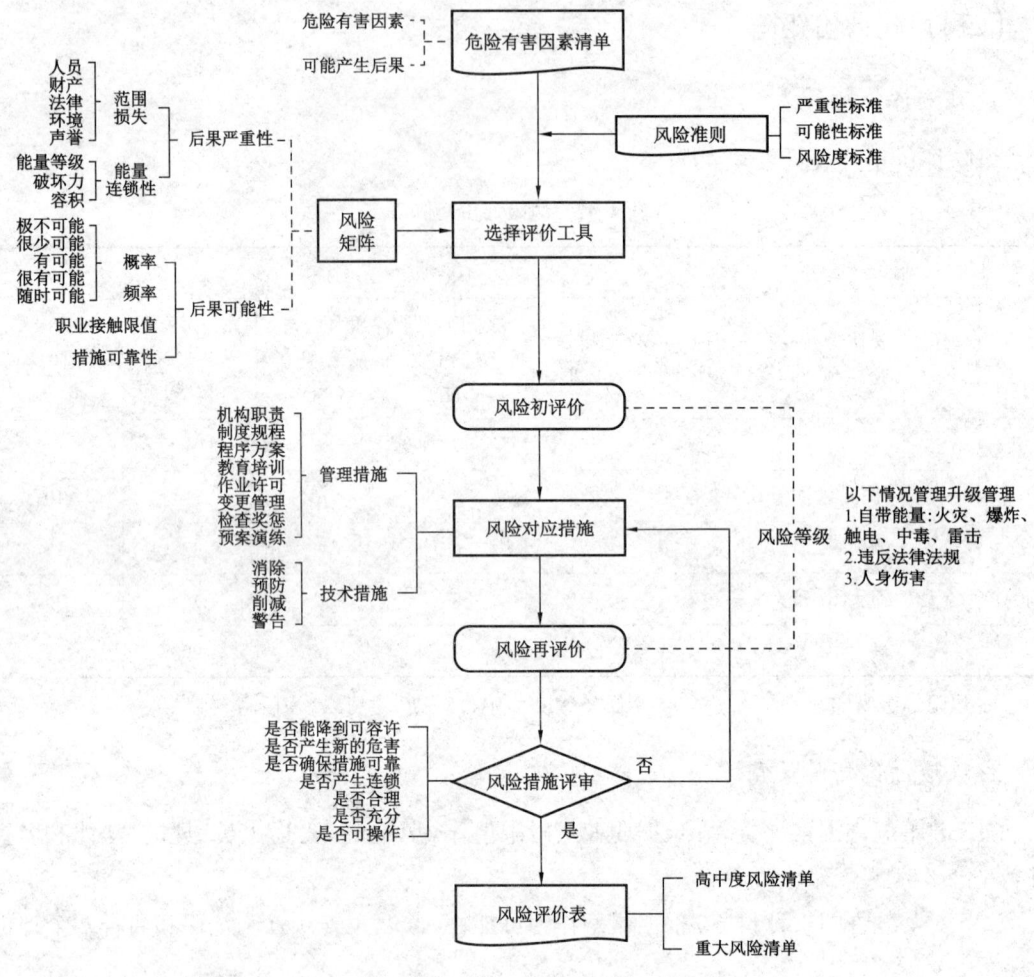

图 4-2 风险评价步骤流程图

（1）危害因素的选择：选择需要进行风险评价的危害因素。

（2）选择评价依据：选择风险准则和风险矩阵法。风险后果的可能性可依据风险后果的概率、频次或阈限值进行判别，其中，安全风险可能性的概率应依据行业的、本企业的风险概率统计数据，职业健康风险的职业接触限值应依据专门机构对工作场所测定的职业接触，环境风险可能性的频次应依据风险后果的可能性。

（3）风险初步评价：根据风险评价矩阵查危险有害因素后果的可能性和严重性，再根据可能性和严重性得出的风险度查风险矩阵表，得出危险有害因素可能的风险等级。

（4）风险对应措施：根据该因素可能产生问题的相关管理标准、技术标准、工作标准和制度等进行风险控制措施的实施工作。风险应对措施的制定要结合该风险的趋势、触发事件进行设计。可采取设计控制、管理控制和个人防护用品控制及减缓措施。

（5）风险再评价：在对危险有害因素采取措施后，其变成事故后果的可能性和严重性均会有所下降，而可能性和严重性下降的程度取决于措施是否针对了问题产生的根源和对触发事件的限值。通过潜在后果的分析和发生可能性的分析,依据风险矩阵判定该危害因素的风险级别是高风险、中风险还是低风险。

(6)风险措施评审:风险再评价后对风险可容许程度、是否产生新的危害因素、控制措施是否可靠、风险是否会产生连锁反应、控制措施是否可执行和合理、控制措施是否充分等进行评审,在得到满意的答案后结束风险评价过程,形成风险评价表。

(7)依此类推,对每一项需进行风险评价的危害因素进行评价。

五、风险评价方法选择与应用

选择合适的风险评估技术和方法,有助于组织及时高效地获取准确的评估结果、在具体实践中,风险评估的复杂及详细程度千差万别。风险评估的形式及结果与组织自身情况适合。

(一)风险评价方法选择原则

1. 评价方法选择原则

(1)充分性原则;

(2)适应性原则;

(3)系统性原则;

(4)针对性原则;

(5)合理性原则。

2. 在选择风险评价方法时应明确的几个问题

风险评价方法不是一个单一的、确定的分析方法;选择恰当的风险评价方法时,并不存在"最佳"方法;风险评价方法并不是决定风险评价结果的唯一因素;风险评价方法的选择依赖于评价人员对评价方法的不断了解和实际评价经验。

3. 影响风险评价方法选择的因素类型

风险评价方法选择影响因素表见表4-43。

表4-43 风险评价方法选择影响因素表

序号	因素类型
1	开展评价的动机
2	所需评价结果的类型
3	可用于评价的信息类型
4	所分析问题的特征
5	已发觉的与评价对象有关的风险

4. 风险评价方法的选择过程

风险评价方法选择过程如图 4-3 所示。

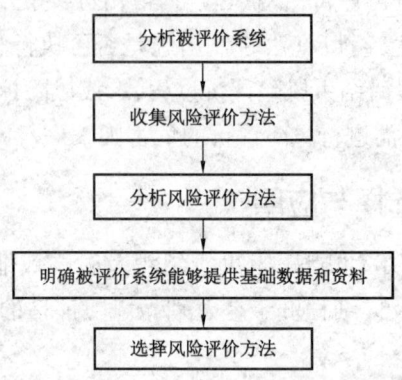

图 4-3 风险评价方法选择过程示意图

(二)风险评价方法的选择原则

1. 分析的目的

选择识别方法应该满足对分析的要求。虽然系统安全分析的最终目的是识别危险源,当时在具体工作中可能要求达到一些具体目的。例如,应用识别方法可能达到以下一个或多个目的。

(1)查明系统中所有的危险源。
(2)弄清危险源可能导致的事故。
(3)确定降低危险源的措施或需要深入研究的部位。
(4)危险源的重要度分析。
(5)为定量的风险评价提供分析方向。

2. 以风险类型为基础

有些识别方法更适合于某些类型的工艺过程或对象。例如,危险性和可操作性研究适用于识别化工类工艺过程;故障类型和影响分析适合于分析机械、电气系统。因此,应该根据被分析的类型选择适用的识别方法。

工艺过程中的操作类型影响事故发生的情况。有些类型的操作过程中事故的发生是由单一事故(或失误)引起的;另一些类型的操作过程中事故的发生可能是由许多第二危险源共同起作用的结果。对于前一种情况,可以选择危险性与可操作性研究方法;对于后一种情况可以选择事件树分析、事故树分析等方法。

3. 可获取的资料

危险有害因素的识别者获取的资料多少、详细程度、新旧程序等都会影响选择识别方法。一般地,被识别对象所处的阶段对可能获取资料有很大影响。例如,识别处于方案设计阶段的系统时,就很难为危险性和可操作性研究或故障类型和影响分析找到足够详细的资料。随着系统年龄的增加,可获取的资料会越来越多,也越详细。

可能影响风险评估技术选择的资源和能力包括:
——风险评估团队的技能、经验及能力;
——信息和数据的可获取性;
——时间和组织内其他资源的限制;
——需要外部资源时的可用预算。

4. 对象的特点

被识别对象的复杂程度、规模、工艺类型、工艺过程中的操作类型、第一危险源的类型、第二危险源的类型以及事故等都会影响系统识别方法的选择。

随着对象复杂程度和规模的增加,有些方法需要的工作量和时间相应地增加,这种情况下严格用较简洁的方法进行筛选,然后确定识别的详细程度,再选择适当的识别方法。

风险本身经常具有复杂性的特征。例如,在复杂的系统中进行风险评估时,应对其系统总体进行评估,而不是孤立地对待系统中的每个部分,并忽视各部分之间的相互关系。在某些情况下,对某一风险采取应对措施可能会对其他活动产生影响。需要认识后果之间的相互影响和风险之间的相互依赖关系,以确保在管理一个风险时,不会导致在其他地方产生一个不可容忍的风险。理解组织中单个或多个风险组合的复杂性,对于选择适当的风险评估技术和方法至关重要。

5. 对象的危险性

当对象的危险性较高时,识别者、管理者倾向于采取系统的、严格的、预测性的方法,如危险性与可操作性研究、故障类型和影响分析、事件树分析、事故树分析等方法。反之,则倾向于采取经验的、不太详细的分析方法,如检查表法等。

6. 其他

影响选择系统危险有害因素识别方法的其他因素包括识别者的知识、经验、完成时间和经费支持、识别者和管理者喜好等。

(三)风险评价方法的应用

风险评价方法种类繁多,开发的条件各不相同。因此,在将风险评价方法应用到油气长输管道的风险评价时,要注重判断风险评价管道所处的生命周期的具体阶段。根据对国外和国内风险评价实践调查结果,形成表4-44和表4-45。

表 4-44 油气管道生命周期风险识别方法推荐表

生命阶段	关注焦点	风险类型	方法类别	风险评价方法 国外	风险评价方法 国内	风险评价方法 综合
设计	(1) 安全预评价、职业卫生评价、环境影响评价； (2) HSE"三同时"要求； (3) 辨识与分析有害危险、有害因素；危险有害物质分析、风险设施识别和分析，风险事故类型分析。事故造成的人身安全与环境影响和损害程度； (4) 确定其与安全生产法律法规、规章、标准、规范的符合性； (5) 提出项目安全环保风险的可接受水平。提出科学、合理、可行的安全对策措施建议	工艺选型风险；设备设施选型风险；材质选型风险；线路选线风险；地质勘察风险；工艺危害风险。火灾爆炸风险；自然灾害风险；地质灾害风险；职业卫生风险；应急逃生风险；环境污染风险；社会风险；政策法律风险	识别方法	SCL（安全检查表法）；HAZID（危害分析法）	SCL（安全检查表法）	SCL（安全检查表法）；HAZID（危害分析法）；WI/CA（故障假设/安全检查表法）；重大危险源辨识法
			分析方法	PHA（预先危险性分析法）；FMEA（故障类型与影响分析法）；FTA（事故树分析法）；ETA（事件树分析法）；HAZOP（危险与可操作性分析法）；HRA（人因可靠性分析）；PEM（物理效应建模）；EERA（逃生、撤离和救援分析）	PHA（预先危险性分析法）；日本六阶段法；FTA/ETA（事故树/事件树分析法）；HAZOP（危险与可操作性分析法）	PHA（预先危险性分析法）；FMEA（故障类型与影响分析法）；FTA/ETA（事故树/事件树分析法）；HAZOP（危险与可操作性分析法）；HRA（人因可靠性分析）；PEM（物理效应建模）；EERA（逃生、撤离和救援分析）
			评价方法	QRA（定量风险评价法）；SIL（安全完整性等级评估法）；ACS（事故后果模拟法）	IST（指数体系评价法）；DOW/ICI Monde（道化学/蒙德法）；QRA（定量风险评价法）；ACS（事故后果模拟法）；管道风险评价法	KENT/IST（肯特/指数法）；DOW/ICI Monde（道化学/蒙德法）；QRA（定量风险评价法）；ACS（事故后果模拟法）；SIL（安全完整性等级评估法）；管道风险评价法
			控制方法	LOPA（保护层分析法）防错法	LOPA（保护层分析法）	LOPA（保护层分析法）防错法

续表

生命阶段	关注焦点	风险类型	方法类别	风险评价方法 国外	风险评价方法 国内	综合
施工	(1) 安全验收评价；(2) HSE "三同时"；(3) 管理措施、规章制度、应急预案；(4) 确定建设项目满足安全生产法律法规、标准、规范要求的符合性；(5) 必要的应急环境监测仪器设备的配备情况	组织管理风险；质量风险；行为责任风险；人员伤亡风险；作业风险；电气触电风险；地质灾害风险；自然灾害风险；信息安全风险；第三方破坏风险；三废排放风险；环境污染风险	识别方法	SCL（安全检查表法）；PSSR（启动前安全检查法）；JSA（工作前安全分析法）	SCL（安全检查表法）；PSSR（启动前安全检查法）；JSA（工作前安全分析法）；WI/CA（故障假设/安全检查表法）；重大危险源辨识法	SCL（安全检查表法）；PSSR（启动前安全检查法）；JSA（工作前安全分析法）；JCA（工作循环分析法）；WI/CA（故障假设/安全检查表法）；重大危险源辨识法
施工			分析方法	PHA（预先危险性分析法）；FTA/ETA（事故/事件树分析法）；CBA（成本效益分析法）	PHA（预先危险性分析法）；FTA/ETA（事故/事件树分析法）	PHA（预先危险性分析法）；FTA/ETA（事故/事件树分析法）；CBA（成本效益分析法）
施工			评价方法	LEC（作业条件危险性评价法）；矩阵	LEC（作业条件危险性评价法）；RMEA（风险矩阵分析法）	LEC（作业条件危险性评价法）；RMEA（风险矩阵分析法）
运行	(1) 安全现状评价、专项安全评价；(2) 管道站场的完整性；(3) 识别可能诱发管道事故风险具体事件的位置及状况，确定事件发生的可能性和后果，按风险评估的结果进行排序，实施分级分类管控，采取各种风险减缓措施，将在合理、可接受的范围内；	管道设备失效风险；机械安全风险；功能安全风险；人员误操作风险；管理疏忽风险；人身伤亡风险；职业健康风险；作业风险；火灾爆炸风险；地质灾害风险；自然灾害风险；	识别方法	SCL（安全检查表法）；JHA（工作危害分析法）	SCL（安全检查表法）；PSSR（启动前安全检查法）；JCA（工作循环分析法）；重大危险源辨识法	SCL（安全检查表法）；JSA（工作前安全分析法）；PSSR（启动前安全检查法）；JCA（工作循环分析法）；重大危险源辨识法

续表

生命阶段	关注焦点	风险类型	方法类别	风险评价方法 国外	风险评价方法 国内	风险评价方法 综合
运行	(4) 生产和施工"三废"排放，严格控制工业噪声，生产粉尘和有毒物质泄漏	腐蚀泄漏风险；应力开裂风险；电气触电风险；信息安全风险；第三方破坏风险；三废排放风险；环境污染风险	分析方法	HAZOP（危险与可操作性分析法）；FMEA（故障类型与影响分析法）；MORT（管理疏忽与风险树）；HRA（人员可靠性分析法）；SIL（安全完整性等级评估法）	HAZOP（危险与可操作性分析法）；FMEA（故障类型与影响分析法）；FTA/ETA（事故/事件树分析法）；MORT（管理疏忽与风险树）；HRA（人员可靠性分析法）；SIL（安全完整性等级评估法）	HAZOP（危险与可操作性分析法）；FMEA（故障类型与影响分析法）；FTA/ETA（事故/事件树分析法）；MORT（管理疏忽与风险树）；HRA（人员可靠性分析法）；SIL（安全完整性等级评估法）
			评价方法	QRA（定量风险评价法）；RMEA（风险矩阵分析法）	KENT/IST（肯特/指数法）；LEC（作业条件危险性评价法）；QRA（定量风险评价法）；RMEA（风险矩阵分析法）；DOW/ICI Monde（道化学/蒙德法）	KENT/IST（肯特/指数法）；LEC（作业条件危险性评价法）；QRA（定量风险评价法）；RMEA（风险矩阵分析法）；DOW/ICI Monde（道化学/蒙德法）
			检验方法	RCM（基于可靠性的维护）；RBI（基于风险的检查）	RCM（基于可靠性的维护）；RBI（基于风险的检查）	RCM（基于可靠性的维护）；RBI（基于风险的检查）；SIL（安全完整性等级评估法）
处置	(1) 设备设施内滞存危害物质残留物；(2) 停用或拆除是否会产生连锁反应或潜在风险，是否会产生次生风险，是否有新的危害产生可能性；(3) 资源再利用，废物处置符合国家相关标准规范；(4) 安全环境突发事件的应急管理	管理疏忽风险；人身伤亡风险；职业健康风险；作业风险；火灾爆炸风险；腐蚀泄漏风险；电气触电风险；第三方破坏风险；三废排放风险；环境污染风险	识别方法	SCL（安全检查表法）；HAZID（危害分析法）；JHA（工作危害分析法）	SCL（安全检查表法）；PSSR（启动前安全检查法）；JSA（工作前安全分析法）	SCL（安全检查表法）；HAZID（危害分析法）；PSSR（启动前安全检查法）；JSA（工作前安全分析法）；重大危险源辨识法
			分析方法	PHA（预先危险分析法）；CBA（成本效益分析法）	HAZOP（危险与可操作性分析法）	PHA（预先危险分析法）；HAZOP（危险与可操作性分析法）；CBA（成本效益分析法）
			评价方法	RMEA（风险矩阵分析法）	RMEA（风险矩阵分析法）	RMEA（风险矩阵分析法）

表 4-45 风险分析方法的分析结果表

方法名称	分析结果	方法名称	分析结果
SCL（安全检查表法）	管理偏差	LOPA（保护层分析法）	事故后果对应措施设计
PSSR（启动前安全检查法）	设备安装缺陷识别	LEC（作业条件危险性评价法）	作业危险环境状况
PHA（预先危险性分析法）	主要危险源	JSA（工作前安全分析）	危险作业步骤差错
RMEA（风险矩阵分析法）	主要风险及风险排序	JCA（工作循环分析）	工艺操作规程缺陷
HAZOP（危险与可操作性分析法）	物质流节点	SIL（安全完整性等级评估法）	仪表系统功能完整性
FMEA（故障类型与影响分析法）	组件故障类型、失效模式	HAZID（危害分析法）	活动的重大危险源
WI/CA（故障假设/安全检查表法）	工艺系统功能缺陷	DOW（道化学公司火灾、爆炸危险指数评价方法）	火灾爆炸影响范围
RCM（基于可靠性的维护）	功能缺陷和性能失效	RBI（基于风险的检查）	设备失效机理和模式
FTA（事故分析法）	事故基本原因、事故机理	ICI Monde（蒙德火灾爆炸毒性指数评价法）	火灾爆炸毒性影响范围
ETA（事件树分析法）	危害因素可能后果	MORT（管理疏忽与风险树）	管理缺陷
IST（指数体系评价法）	危害因素严重度排序	HRA（人员可靠性分析法）	人员对系统可靠性的影响
QRA（定量风险评价法）	事故影响范围	ACS（事故后果模拟法）	事故后果影响范围及程度
EERA（逃生、撤离和救援分析）	设施和程序应急响应性能	PEM（物理效应建模）	预测事故条件下的物理行为
CBA（成本效益分析法）	措施效益与成本对比		

第三节　风险防控措施编制

风险控制是实施风险管理决策，将风险降到可以接受的程度，保障控制的环节、部位不发生意想不到的危险状态的过程。本节利用风险评价和风险排序的成果，应用风险控制原理、保护层原理对风险要素的关键环节或成因进行控制后，再应用可接受准则进行衡量，以确定评定出的风险控制措施是否适当。

风险控制措施编制的前提是找到风险产生的来源和机理。依据危害因素成因分析结果，制定风险控制措施。

一、风险控制措施编制原则与选择方法

（一）风险控制的途径

（1）控制风险的严重度。

（2）控制风险的可能性。
（3）控制人员暴露频次。

（二）措施编制原则

风险控制措施编制时，首先要弄清哪类危害因素需要采取控制措施"消除、预防、削减、隔离和警告"中的一种或这些方法的合成。风险控制措施设计总体原则（不限于）如图4-4所示。

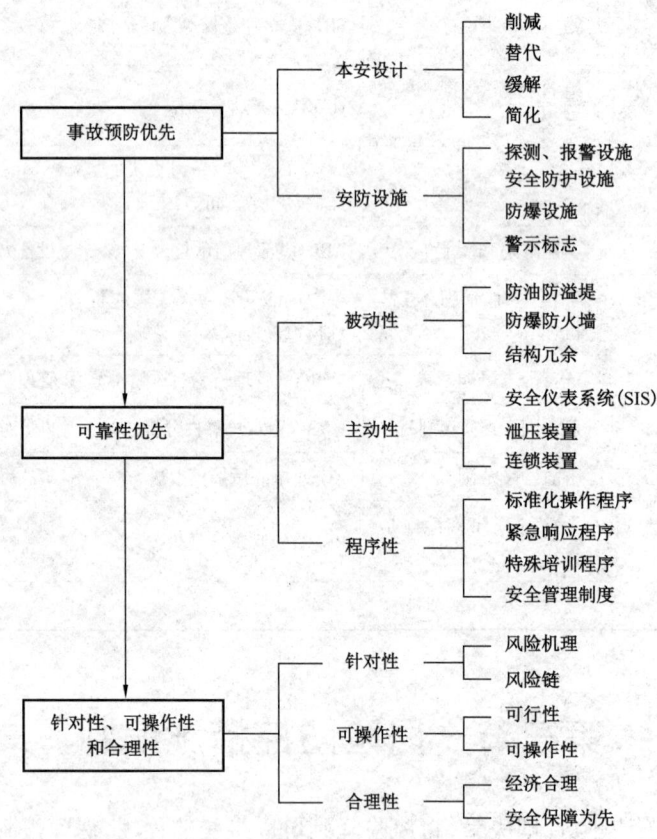

图4-4　风险防控措施制定原则示意图

1. 事故预防优先原则

（1）采取本质安全设计的方法消除或削减危险：

① 消除：通过设计、改变方法等手段避免危害因素出现。

② 削减：最大限度地减少危险物资的用量、储存量。

③ 替代：如果做不到削减，则选用危险性相对较小的物质及风险系数小的流程，尽可能减少安全措施的使用。

④ 缓解：通过温和反应条件将危险的状态减到最弱。

⑤简化：设计的设备应消除不必要的复杂性，使操作不容易出错，并且容许发生的错误。

（2）采取预防事故的设施，防止因装置失灵和操作失误导致事故的发生：

① 探测、报警设施。

② 设备安全防护设施。

③ 防爆设施。

④ 作业场所防护设施。

⑤ 安全警示标志。

2. 可靠性优先原则

（1）采用被动性安全技术措施，不需要启动任何主动动作的元件或功能来消除或降低风险：

① 防油防溢堤。

② 防火防爆墙。

③ 较高压力等级的设备和管道。

（2）采取主动性安全技术措施，能够自动启动预防事故发生或减轻事故后果的功能：

① 安全仪表系统（SIS）。

② 泄压装置。

（3）采取程序性管理措施，预防事故的发生：

① 标准操作程序。

② 完整性程序。

③ 紧急响应程序。

④ 特殊培训程序。

⑤ 安全管理制度。

3. 针对性、可操作性和经济合理性原则

（1）根据化工建设项目的特点和对风险评价的结论采取有针对性的安全对策措施。

（2）安全对策措施应在经济、技术、时间上具有可行性和可操作性。

（3）当安全技术措施与经济效益发生矛盾时，要统筹兼顾、综合平衡，在优先考虑化工安全技术措施要求的同时，避免采取不必要的过高标准所造成的工程建设投资和操作运行费用增加。风险控制措施优先级为：消除、预防、削减、隔离、警告和管理，控制措施的实施主要是确保降低风险的严重度、可能性和暴露频次。

（三）措施选择方法

1. 作业风险控制措施选择方法

作业风险控制措施的选择，主要依据作业涉及危害因素、紧急程度、复杂性，根据风险控制措施制定原则进行。首先利用表4-25识别作业的第一类和第二类危险源,利用优先级顺序对第一类和第二类危险源实施控制措施后,作业危险程度下降程度和可能性进行评价,如果没有到可接受程度,则需继续增加措施。如高处作业的第一类和第二类危险源主要有坠落危险、环境条件危险(气象、人类工效学等)、运动物危险、操作失误、防护不当等。在消除坠落危险时,可以有佩戴安全带措施,再增加防坠网和加设有护栏的操作平台等措施。如果仍然没有消除,则可以增加预防性措施,如再增加紧急响应、人员监护、特殊培训等,如果涉及有毒危害因素的作业还需配置危险源的浓度或强度的调节手段等。

2. 工艺环境风险控制

工艺环境风险控制措施的选择,主要依据工艺环境涉及的特定节点的危险设施、危险物质结合风险控制措施制定原则进行编制。首先利用表4-25识别出工艺环境的第一类和第二类危险源,利用优先级顺序对第一类和第二类危险源实施控制措施后,对工艺环境风险严重程度、下降程度和可能性降低程度进行评价,如果没有到可接受程度,则需继续增加措施。如为改变消防泵房区工艺环境风险程度,可以通过消除措施,消除噪声、振动、触电、危化品挥发等第一类危险源,如果仍然没有消除完全,则采取预防性措施,如可改变容器的容留物、耐压能力、耐腐蚀能力或密封性能等。也可根据保护层的分析结果增加安全保护层加以控制。

3. 增加个人防护设施

为控制个人接触或呼吸危险源,工艺环境危险源的防护可采用佩戴个人防护设施的方式进行控制。个体防护设施的选择参见 GB/T 11651《个体防护装备选用规范》。

二、风险防控措施选择

根据 ISO 13335.4《信息技术安全管理指南 防护措施的选择》、GB 20801.6—2006《压力管道规范 工业管道 第6部分:安全防护》、AQ 2012—2007《石油天然气安全规程》、SY/T 6186—2007《石油天然气管道安全规程》、SY/T 5536—2016《原油管道运行规范》、SY/T 6652—2013《成品油管道输送安全规程》,风险防控措施选择时,首先要考虑如下因素:

(一)防控措施的类型

包括技术措施、管理措施、防护措施和应急预案。

(二)防控措施的可靠性、完整性和可用性

为实现防控措施的可靠性,要消除:

(1)材质老化。

（2）耐久性保障缺陷。
（3）信息错误。
（4）传输错误。
（5）维护错误。
（6）最低失效率。
（7）操作失控。
（8）供应中断。
（9）技术性失效。
为实现防控措施的完整性，要消除：
（1）存储介质老化。
（2）维护错误。
（3）恶意破坏。
（4）技术性失效。
（5）供应中断。
（6）信息错误。
（7）传输错误。
（8）软件失效。
（9）使用未授权的体系文件。
为实现防控措施的可用性，要消除：
（1）破坏性攻击。
（2）存储介质老化。
（3）通信设备和服务中断。
（4）火灾、水灾。
（5）维护错误。
（6）资源滥用。
（7）自然灾害。
（8）技术性失效。
（9）供应中断。
（10）传输错误。
（11）流量过载。
（12）电磁干扰。

（三）安全措施选择的准则

制定一个防护措施可参照四个基本的方面，即影响、威胁、脆弱点和风险本身。当决定降低或避免风险而不是接受时，就阐述了风险本身。共同作用构成风险的组件，即影响、威胁和脆弱点是防护措施的主要目标。防护措施可以用以下方式阐述：

（1）威胁——防护措施可以降低威胁发生的可能性，或就蓄意攻击而言，可以通过增加成功实施攻击的技术的复杂性来威慑。

（2）脆弱点——防护措施可以消除脆弱点，或使得利用脆弱点的难度加大。

（3）影响——防护措施可以减少或避免影响。拥有良好的审计踪迹记录、分析和报警装置有助于事故的尽早检测并降低负面业务影响。

防护措施的使用方式和区域对于其实施收益会造成很大差异。通常，威胁会利用多个脆弱点。因此，如果使用一个防护措施来阻止威胁的发生，那么需要同时阐述几个脆弱点。反之也是正确的——保护脆弱点的防护措施可以同时阐述几个威胁。如果可能，那么在选择防护措施时应考虑这些收益。通常应将这些额外的收益形成文件，以对任何防护措施满足的安全要求有一个全面的了解。

一般而言，防护措施可以提供下列保护类型中的一个或多个：预防、威慑、检测、降低、恢复、纠正、监视和意识。至于哪一个属性是最可取的，依赖于特定的环境和每一防护措施预期实现的目标而定。在许多情况下，防护措施将提供多个属性，也就是说提供了额外的收益。如果可能，应优先寻找那些确实可以提供多个收益的防护措施。

在阐述上述影响时，安全应总是保持合理的平衡。如果过多地关注某一类型的防护措施，那么整体的安全不可能有效。例如，如果单独使用大多数的威慑性防护措施，而没有使用充分的检测性防护措施来识别，当威慑不起作用时，那么整体的安全将是无效的。

在实施前，应将建议的防护措施与已存在的防护措施进行比对，以评估是否存在可扩展或升级的防护措施。如果存在，那么对原来的防护措施进行扩展或升级可能比引入新的防护措施更为经济。

在选择防护措施的过程中，重要的是要平衡防护措施的实施成本和被保护资产的价值，以及用风险削减表明的投资收益。防护措施的实施和维护成本可能远远高于防护措施本身的成本，因此在选择防护措施时，应考虑实施和维护成本。

技术性限制性能要求、可管理性（操作性支持要求）和兼容性问题可能影响特定防护措施的使用。在这些情况下，系统和安全管理人员应共同工作以识别最佳的解决方案。但是防护措施也有可能减低性能。此外，系统和安全管理人员应共同努力以识别在允许所需性能的同时又保证充分安全的解决方案。

三、管道站场安全功能设计

根据 Q/SY 1449—2011《油气管道控制功能划分规范》进行管道站场安全功能设计。

（一）管道站场系统安全功能

（1）防火防爆。

（2）防雷电防静电。

（3）防中毒窒息。

（4）消防。符合 GB 16806—2006《消防联动控制系统》的规定。

（5）应急救援。符合 GB 23809—2009《应急导向系统设置原则与要求》、GB 29176—2012《消防应急救援　通则》、GB 29178—2012《消防应急救援　装备配备指南》、GB 29179—2012《消防应急救援　作业规程》、GB 29175—2012《消防应急救援　技术训练指南》的规定。

（6）预警预报。符合 GB 17681—1999《易燃易爆罐区安全监控预警系统验收技术要求》、SY/T 6827—2011《油气管道安全预警系统技术规范》的规定。

（7）泄漏检测。符合 SY/T 0480—2010《管道、储罐渗漏检验方法》的规定。

（8）劳动防护。符合 Q/SY 704—2011《职业健康工作指南》的规定。

（9）环境保护。符合 HJ 612—2011《建设项目竣工环境保护验收技术规范　石油天然气开采》的规定。

（二）安全环保应急设备设施配置

1. 安全设备设施

根据《危险化学品建设项目安全设施目录（试行）》安监总危化〔2007〕225 号，编制站队安全环保设备设施目录清单表，见表 4-46。

表 4-46　安全环保设备设施目录清单表

设施类型	功能模块	功能组件
预防事故设施	检测、报警设施	压力、温度、液位、流量、组分等报警设施
		可燃气体、有毒有害气体、氧气等检测和报警设施
		用于安全检查和安全数据分析等检验检测设备、仪器
	设备安全防护设施	防护罩、防护屏、穿线管
		负荷限制器、行程限制器，制动、限速
		防雷、防潮、防晒、防冻、防腐、防渗漏等设施
		传动设备安全锁闭设施
		电器过载保护设施
		静电接地设施
	防爆设施	各种电气、仪表的防爆设施
		抑制助燃物品混入（如氮封）、易燃易爆气体和粉尘形成等设施
		阻隔防爆器材
		防爆工器具

续表

设施类型	功能模块	功能组件
预防事故设施	作业场所防护设施	作业场所的防辐射、防静电、防噪音
		通风（除尘、排毒）
		防护栏（网）
		防滑、防灼烫等设施
	安全警示标志	包括各种指示、警示作业安全和逃生避难及风向等警示标志
控制事故设施	泄压和止逆设施	用于泄压的阀门、爆破片、放空管等设施
		用于止逆的阀门等设施
		用于真空系统的密封设施
	紧急处理设施	紧急备用电源
		紧急切断、分流、排放(火炬)、吸收、中和、冷却等设施
		通入或者加入惰性气体、反应抑制剂等设施,紧急停车
		仪表连锁等设施
减少与消除事故影响设施	防止火灾蔓延设施	阻火器、安全水封、回火防止器、防油(火)堤、防爆墙、防爆门等隔爆设施,防火墙、防火门、蒸汽幕、水幕等设施,防火材料涂层
	灭火设施	水喷淋、惰性气体、蒸气、泡沫释放等灭火设施
		消火栓、高压水枪(炮)、消防车、消防水管网、消防站等
	紧急个体处置设施	洗眼器
		喷淋器
		逃生器、逃生索
		应急照明等设施
	应急救援设施	堵漏、工程抢险装备
		现场受伤人员医疗抢救装备
	逃生避难设施	逃生和避难的安全通道(梯)
		安全避难所(带空气呼吸系统)
		避难信号等
	劳动防护用品和装备	包括头部、面部、视觉、呼吸、听觉器官、四肢、躯干防火、防毒、防灼烫、防腐蚀、防噪声、防光射、防高处坠落、防砸击、防刺伤等免受作业场所物理、化学因素伤害的劳动防护用品和装备

2. 消防设备设施

根据 GB 50183—2004《石油天然气工程防火设计规范》、GB 50140—2005《建筑灭火器配置设计规范》、GB 50016—2014《建筑设计防火规范》、GB 50116—2013《火灾自动报警系统设计规范》、GA 621—2013《消防员个人防护装备配备标准》、Q/SY 129—2011《输油气站消防设施配置及灭火器材配备管理规范》、Q/SY 1112—2012《气溶胶灭火系统技术规范》、Q/SY 1653《消防员个人防护装备配备规范》编制消防设备设施目录清单,见表4-47。

表4-47 消防设备设施目录清单表

用途	功能	类型
预警装置	感烟探测器	离子型
		光电型
		激光型
		电容型半导体型
	感温探测器	定温式探测器
		差温式探测器
		差定温式探测器
	警示灯	
	声光报警器	
建筑灭火器	手提式	水型
		泡沫
		干粉(碳酸氢钠、磷酸铵盐)
		卤代烷
		二氧化碳
	推车式	水型
		泡沫
		干粉(碳酸氢钠、磷酸铵盐)
		卤代烷
		二氧化碳
气体灭火控制器	自动报警装置	火灾报警/气体灭火控制器
		火灾探测器
		紧急启停按钮
		气体释放灯
		警铃等

续表

用途	功能	类型
气体灭火控制器	灭火联动装置	启动电磁阀
		灭火钢瓶
		灭火药剂
		泄压装置
		气体启动瓶
		选择阀以及管网和喷头等
消防防护品	基本防护装备	消防头盔
		灭火防火服
		消防手套
		消防安全腰带
		灭火防护
		正压式消防空气呼吸器
		消防员呼吸器
		方位灯
		消防轻型安全绳
		消防腰斧
	消防员特种防护装备	隔热防护服
		避火防护服
		消防阻燃毛衣
		阻燃头套
		防高温手套
		内置纯棉手套
		抢险救援服
		抢险救援头盔
		消防护目镜
		抢险救援手套
		抢险救援靴
		普通化学防护服
		电绝缘服装

续表

用途	功能	类型
消防防护品	消防员特种防护装备	防静电服
		防静电内衣
		救生衣
		消防通用安全绳
		消防Ⅰ型安全吊带
		消防Ⅱ型安全吊带
		消防Ⅲ型安全吊带
		消防防坠落辅助部件
		移动供气源
		正压式消防氧气呼吸器
		强制送风呼吸器
		消防过滤式综合防毒面具
		潜水装具
	应急照明	手提式强光照明灯

3. 环保设备设施

根据《国家鼓励重大环保设备目录》(2011版)、GB 50483—2009《化工建设项目环境保护设计规范》、HJ/T 11—1996《环境保护设备划分与命名》和 HJ 612—2011《建设项目竣工环境保护验收技术规范 石油天然气开采》，编制环保设备设施目录清单和环保设备用途清单，见表4-48和表4-49。

表4-48 环保设备设施目录清单表

类别	亚类别	组别	类型
水污染治理设备	物理法处理设备	沉淀装置	沉砂装置
			平流式沉淀装置
			竖流式沉淀装置
			斜管(板)沉淀装置
			压力涡流沉淀装置
		澄清装置	机械循环澄清装置
			水力循环澄清装置

续表

类别	亚类别	组别	类型
水污染治理设备	物理法处理设备	澄清装置	脉冲澄清装置
			悬浮澄清装置
		上浮分离装置	粗粒化装置
			油水分离装置
			斜管（板）隔油装置
			海洋隔油装置
		气浮分离装置	溶气气浮装置
			真空气浮装置
			分散空气气浮装置
			电解气浮装置
			泡沫分离器
		离心分离装置	水力旋流分离器
			鼓型离心分离机
			卧螺式离心分离机
		磁分离装置	永磁分离器
			电磁分离装置
		筛滤装置	平板式筛网
			旋转式筛网
			粗格栅
			弧型细格栅
			捞毛机
		过滤装置	石英砂过滤器
			多层滤料过滤器
			泡沫塑料珠过滤器
			陶粒过滤器
		微孔过滤装置	微孔管（板）过滤器
		压滤和吸滤装置	真空转鼓污泥脱水机
			滚筒挤压污泥脱水机
			板框压滤污泥脱水机

续表

类别	亚类别	组别	类型
水污染治理设备	物理法处理设备	压滤和吸滤装置	折带压滤污泥脱水机
			真空吸滤污泥脱水机
		蒸发装置	自然循环蒸发器
			强制循环蒸发器
			扩容循环蒸发器
			闪激蒸发器
	化学法处理设备	酸碱中和装置	中和槽
			膨胀式中和塔
		氧化还原和消毒装置	臭氧发生器
			加氯机
			次氯酸钠发生器
			二氧化氯发生器
			药剂氧化还原装置
			电解氧化还原装置
			光氧化装置
			湿式氧化装置
		混凝装置	机械反应混凝装置
			水力反应混凝装置
			管道混合器
	物理化学法处理设备	萃取装置	脉冲筛板塔
			离心萃取机
			液膜萃取塔
			混合澄清萃取器
		汽提和吹脱装置	汽提塔
			吹脱塔
		吸附装置	活性炭吸附装置
			大孔树脂吸附装置
			硅藻土吸附装置
			分子筛吸附装置
			沸石吸附装置

续表

类别	亚类别	组别	类型
水污染治理设备	物理化学法处理设备	离子交换装置	固定床离子交换装置
			移动床离子交换装置
			流动床离子交换装置
		膜分离装置	超滤装置
			电渗析装置
			扩散渗析装置
			反渗透装置
			隔膜电解装置
			微滤装置
	生物法处理设备	好氧处理装置	鼓风曝气活性污泥处理装置
			机械表面曝气活性污泥处理装置
			吸附生物氧化处理装置（AB法）
			超深层曝气装置
			序批式（SBR）活性污泥处理装置
			间歇循环延时曝气处理装置
			生物接触氧化装置
			生物转盘
			生物滤塔
			生物活性炭处理装置
			活性生物滤塔（ABF）
		供氧曝气装置	机械表面曝气装置
			鼓风曝气器
			射流曝气器
			曝气转刷
		厌氧处理装置	上流式污泥床厌氧反应器
			厌氧流化床反应器
			厌氧膨胀床反应器
			管式厌氧反应器
			两相式厌氧反应器（产酸相与产沼气相）

续表

类别	亚类别	组别	类型
水污染治理设备	生物法处理设备	厌氧处理装置	厌氧生物转盘
			厌氧生物滤塔
			污泥消化装置
		厌氧—好氧处理装置	厌氧—好氧活性污泥处理装置
			缺氧—好氧活性污泥处理装置（A/O）
			厌氧—缺氧—好氧活性污泥处理装置（A2/O）
	组合式水处理设备		
空气污染治理设备	除尘设备	重力与惯性力除尘装置	重力沉降室
			挡板式除尘器
		旋风除尘装置	单筒旋风除尘器
			多筒旋风除尘器
		湿式除尘装置	喷淋式除尘器
			冲激式除尘器
			水膜除尘器
			泡沫除尘器
			斜栅式除尘器
			文丘里除尘器
		过滤层除尘装置	颗粒层除尘器
			多孔材料过滤器
			纸质过滤器
			纤维填充过滤器
		袋式除尘装置	机械振动式除尘器
			电振动式除尘器
			分室反吹式除尘器
			喷嘴反吹式除尘器
			振动反吹式除尘器
			脉冲喷吹式除尘器
		静电除尘装置	板式静电除尘器
			管式静电除尘器
			湿式静电除尘器

续表

类别	亚类别	组别	类型
空气污染治理设备	除尘设备	组合式除尘装置	
	除雾设备	惯性力除雾装置	折板式除雾器
			旋流板式除雾器
		湿式除雾装置	
		过滤式除雾装置	网式除雾器
			填料除雾器
		静电除雾装置	静电除雾装置管式静电除雾器
			板式静电除雾器
	气态污染物净化设备	吸附装置	固定床吸附器
			移动床吸附器
			流化床吸附器
			文丘里式吸收器
			喷淋式吸收器
			喷雾干燥式吸收器
			填料式吸收器
			鼓泡吸收器
			水膜吸收器
		氧化还原净化装置	直接氧化净化器
			催化氧化净化器
			直接还原净化器
			催化还原净化器
		生物法净化装置	
		冷凝净化装置	直接冷却净化器
			间接冷却净化器
		辐照净化装置	气体电子辐照净化器
		汽车机内净化装置	汽车曲轴箱强制通风装置
		汽车尾气净化装置	汽车尾气催化净化器
	颗粒物—气态污染物治理设备		

续表

类别	亚类别	组别	类型
固体废弃物处理处置设备	输送与存储设备	运送装置	
		储存装置	
	分拣设备	机械分选装置	
		电磁分选装置	
	破碎压缩设备	破碎装置	
		压缩装置	
	焚烧设备	焚烧炉	固定床式焚烧炉
			流化床式焚烧炉
			回转炉床式焚烧炉
			移动床式焚烧炉
	无害化处理设备	堆肥设备	
		填埋设备	
		固化装置	水泥固化装置
			塑料固化装置
			熔融固化装置
		消毒装置	
	资源再利用设备	废物转化回收装置	
		废物回收装置	
噪声与振动控制设备	噪声控制设备	吸声装置	穿孔板吸声装置
			微孔板吸声装置
			共振吸声装置
			薄板吸声装置
			薄膜吸声装置
		隔声装置	隔声罩
			隔声构件
			隔声室
			隔声帘幕
			遮光隔声屏
			透光隔声屏

续表

类别	亚类别	组别	类型
噪声与振动控制设备	噪声控制设备	消声装置	阻性消声器
			抗性消声器
			阻抗复合消声器
			耗散式消声器
			小孔消声器
			多孔扩散消声器
			百叶窗式消声装置
			电子有源消声装置
	振动控制设备	隔振装置	隔振垫
			隔振器
			隔振连接件
噪声与振动控制设备	振动控制设备	减振装置	阻尼减振装置
			减振台架
放射性与电磁波污染防护设备	放射性污染防护设备		
	电磁波污染防护设备		

表 4-49 环保设备用途清单表

用途	区域	功能	
生产工艺	大气污染防治	废气处理设备	
		通风设备	
		净化设备	
		除尘设备	
		过滤设备	
	水污染防治	废水处理设备	高浓度工业废水处理设备
			移动式废水处理设备
			加药设备
	固体废物处理	固体废弃物处理设备	生活垃圾处理设备
			建筑垃圾处理设备
			危险废物处理设备

续表

用途	区域	功能	
生产工艺	噪声与振动控制	降噪设备	
		减振设备	
	环境监测控制	环境检测专业仪器仪表	
		环境检测车	
辅助设施		软化水设备	
		净水设备	
		原水处理设备	
		消毒设备	

4.应急设备设施

根据 GB 30077—2013《危险化学品单位应急救援物资配备要求》,编制应急设备设施目录清单,中型危险化学品单位应急设备设施目录清单,大型危险化学品单位应急设备设施目录清单,见表 4-50,表 4-51 和表 4-52。

表 4-50 应急设备设施目录清单表

种类	功能	使用场所/技术要求
作业场所配备	正压式空气呼吸器	
	化学防护服	具有有毒腐蚀液体危险化学品的作业场所
	过滤式防毒面具	根据有毒有害物质考虑,根据当班人数确定
	气体浓度检测仪	根据作业场所的气体确定
	手电筒	根据当班人数确定
	对讲机	根据作业场所选择防护类型
	急救箱或急救包	
	吸附材料	以工作介质理化性质确定具体的物资,常用吸附材料为沙土
	洗消设施或清洗剂	在工作地点配备
	应急处置工具箱	根据作业场所具体情况确定
企业应急救援队伍配备装备	消防头盔	头部、面部及颈部的安全防护
	二级化学防护服装	化学灾害现场作业时的躯体防护
	一级化学防护服装	重度化学灾害现场全身防护
	灭火防护服	灭火救援作业时的身体防护

续表

种类	功能	使用场所/技术要求
企业应急救援队伍配备装备	防静电内衣	可燃气体、粉尘、蒸汽等易燃易爆场所作业时的躯体内层防护
	防化手套	手部及腕部防护
	防化靴	事故现场作业时的脚部和小腿部防护
	安全腰带	登梯作业和逃生自救
	正压式空气呼吸器	缺氧或有毒现场作业时的呼吸防护
	佩戴式防爆照明灯	单人作业照明
	轻型安全绳	救援人员的救生、自救和逃生
	消防腰斧	破拆和自救
	抢险救援车辆数	
企业应急救援队伍配备车辆	灭火抢险救援车	水罐或泵浦抢险救援车
		水罐或泡沫抢险救援车
		干粉泡沫联用抢险救援车
		干粉抢险救援车
	举高抢险救援车	登高平台抢险救援车
		云梯抢险救援车
		举高喷射抢险救援车
	专勤抢险救援车	多功能抢险救援车或气防车
		排烟抢险救援车或照明抢险救援车
		危险化学品事故抢险救援车或防化洗消抢险救援车
		通信指挥抢险救援车
		供气抢险救援车
	后勤抢险救援车	自装卸式抢险救援车（含器材保障、生活保障、供液集装箱）
		器材抢险救援车或供水抢险救援车
气防车内应急救援物资配备	正压式空气呼吸器	技术性能符合 GB/T 18664《呼吸防护用品的选择、使用与维护》的要求
	苏生器	自动进行正负压人工呼吸
	医用氧气瓶	治疗中毒人员
	移动式长管供气系统	在缺氧或有毒有害气体环境中的抢险救灾人员提供长时间呼吸保护

续表

种类	功能	使用场所/技术要求
气防车内应急救援物资配备	对讲机	易燃易爆场所应防爆型
	抢险救援服	抢险人员躯体保护,橘红色
	头戴式照明灯	灭火和抢险救援现场作业时的照明,易燃易爆场所应为防爆型
	一级化学防护服	重度化学灾害现场全身防护
	二级化学防护服	化学灾害现场作业时的躯体防护
	隔热服	强热辐射场所的全身防护
	折叠担架	运送事故现场受伤人员
	急救包	盛放常规外伤和化学伤害急救所需的敷料、药品和器械等
	可燃气体检测仪	检测事故现场易燃易爆气体,可检测多种易燃易爆气体的体积浓度
	有毒气体检测仪	具备自动识别、防水、防爆性能。能探测有毒、有害气体及氧含量

表 4–51 中型危险化学品单位应急设备设施目录清单表

种类	功能	使用场所/技术要求
侦检	有毒气体探测仪	具备自动识别、防水、防爆性能。能探测有毒、有害气体及氧含量
	可燃气体检测仪	检测事故现场易燃易爆气体,可检测多种易燃易爆气体的浓度
警戒	各类警示牌	灾害事故现场警戒警示
	隔离警示带	灾害事故现场警戒,双面反光
灭火	移动式消防炮	扑救可燃化学品火灾
	水带	消防用水的输送
	常规器材工具,扳手、水枪等	按所配车辆技术标准要求配备
通信	移动电话	易燃易爆环境必须防爆
	对讲机	易燃易爆环境必须防爆
救生	缓降器	高处救人和自救。安全负荷不低于 1300 N,绳索防火、耐磨
	逃生面罩	灾害事故现场被救人员呼吸防护
	折叠式担架	运送事故现场受伤人员。为金属框架,高分子材料表面质材,便于洗消,承重不小于 100kg
	救援三脚架	金属框架,配有手摇式绞盘,牵引滑轮最大承载 2500N,绳索长度不小于 30m
	救生软梯	登高救生作业
	安全绳	50m
	医药急救箱	盛放常规外伤和化学伤害急救所需的敷料、药品和器械等

续表

种类	功能	使用场所/技术要求
破拆	液压破拆工具组	灾害现场破拆作业
	无齿锯	切割金属和混凝土材料
	手动破拆工具组	灾害现场破拆作业
堵漏	木制堵漏楔	各类孔洞状较低压力的堵漏作业。经专门绝缘处理,防裂,不变形
	无火花工具	易燃易爆事故现场的手动作业,铜制材料
	黏贴式堵漏工具	各种罐体和管道表面点状、线状泄漏的堵漏作业。无火花材料
	注入式堵漏工具	闸门或法兰盘堵漏作业。无火花材料。配有手动液压泵,泵缸压力大于或等于74MPa,使用温度 −100~400℃
输转	输转泵	吸附、输转各种液体,安全防爆
	有毒物质密封桶	装载有毒有害物质,可防酸碱,耐高温
	吸附垫	小范围内的吸附酸、碱和其他腐蚀性液体
洗消	洗消帐篷	消防人员洗消。配有电动充气泵、喷淋、照明等系统
排烟照明	移动式排烟机	灾害现场的排烟和送风,配有相应口径的风管
	移动照明灯组	灾害现场的作业照明,照度符合作业要求
	移动发电机	灾害现场等的照明
其他	水幕水带	阻挡或稀释有毒和易燃易爆气体或液体蒸汽

表 4–52 大型危险化学品单位应急设备设施目录清单表

种类	功能	使用场所/技术要求
侦检器材配备标准	有毒气体探测仪	具备自动识别、防水、防爆性能。能探测有毒、有害气体及氧含量
	可燃气体检测仪	检测事故现场易燃易爆气体,可检测多种易燃易爆气体的浓度
	红外测温仪	测量事故现场温度。可预设高、低温危险报警
	便携式气象仪	测量风速、风向、温度、湿度、大气压等气象参数
	水质分析仪	定性分析液体内的化学成分
	红外热像仪	事故现场黑暗、浓烟环境中的搜寻。温差分辨率不小于0.25℃,有效检测距离不小于40m
警戒器材配备标准	警戒标志杆	灾害事故现场警戒,有反光功能
	锥形事故标志柱	灾害事故现场道路警戒
	隔离警示带	灾害事故现场警戒。双面反光,每盘长度约500m
	出入口标志牌	灾害事故现场标示。图案、文字、边框均为反光材料,与标志杆配套使用,易燃易爆环境必须为无火花材料

续表

种类	功能	使用场所/技术要求
警戒器材配备标准	危险警示牌	灾害事故现场警戒警示。分为有毒、易燃、泄漏、爆炸、危险等五种标志,图案为反光材料。与标志杆配套使用,易燃易爆环境必须为无火花材料
	闪光警示灯	灾害事故现场警戒警示。频闪型,光线暗时自动闪亮
	手持扩音器	灾害事故现场指挥。功率大于10W,同时应具备警报功能
灭火器材配备标准	机动手抬泵	扑救小面积化工类火灾
	移动式消防炮	扑救可燃化学品火灾
	A、B类比例混合器、泡沫液桶、空气泡沫枪	扑救小面积化工类火灾。由储液桶、吸液管和泡沫管枪组成,操作轻便快捷
	二节拉梯	登高作业
	三节拉梯	登高作业
	移动式水带卷盘或水带槽	清理水带
	水带	消防用水的输送
	其他	按所配车辆技术标准要求配备
通信器材配备标准	移动电话	易燃易爆环境必须防爆
	对讲机	应急救援人员以及与后方指挥员间的通讯,通讯距离不低于1000m,易燃易爆环境必须防爆
	通信指挥系统	符合GB 50313《消防通信指挥系统设计规范》的要求
	缓降器	高处救人和自救。安全负荷不低于1300 N,绳索防火、耐磨
	医药急救箱	盛放常规外伤和化学伤害急救所需的敷料、药品和器械等
	逃生面罩	灾害事故现场被救人员呼吸防护
	折叠式担架	运送事故现场受伤人员。为金属框架,高分子材料表面质材,便于洗消,承重不小于100kg
	救援三脚架	高处、井下等救援作业。金属框架,配有手摇式绞盘,牵引滑轮,最大承载2500N,绳索长度不小于30m
	救生软梯	登高救生作业
	安全绳	灾害事故现场救援,50m
	救生绳	救人或自救工具,也可用于运送消防施救器材,50 m
救生物资配备标准	液压破拆工具组	灾害现场破拆作业
	无齿锯	切割金属和混凝土材料
	机动链锯	切割各类木质结构障碍物
	手动破拆工具组	灾害现场破拆作业

续表

种类	功能	使用场所/技术要求
堵漏器材配备标准	木制堵漏楔	各类孔洞状较低压力的堵漏作业。经专门绝缘处理,防裂,不变形
	气动吸盘式堵漏工具	封堵不规则孔洞。气动、负压式吸盘,可输转作业
	黏贴式堵漏工具	各种罐体和管道表面点状、线状泄漏的堵漏作业。无火花材料
	电磁式堵漏工具	各种罐体和管道表面点状、线状泄漏的堵漏作业。适用温度不大于80℃
	注入式堵漏工具	阀门或法兰盘堵漏作业。无火花材料。配有手动液压泵,液压不小于74MPa,使用温度 −100~400℃
	无火花工具	易燃、易爆事故现场的手动作业,铜制材料
	金属堵漏套管	各种金属管道裂缝的密封堵漏
	内封式堵漏袋	圆形容器和管道的堵漏作业。由防腐橡胶制成,工作压力0.15MPa,4种,直径分别为:10/20mm、20/40mm、30/60mm、50/100mm
	外封式堵漏袋	罐体外部堵漏作业。由防腐橡胶制成,工作压力0.15MPa,2种,尺寸5/20mm、20/48mm
	捆绑式堵漏袋	管道断裂堵漏作业。由防腐橡胶制成,工作压力0.15MPa,尺寸为5/20mm、20/48mm
	阀门堵漏套具	阀门泄漏的堵漏作业
	管道黏结剂	小空洞或砂眼的堵漏
输转物资配备标准	输转泵	吸附、输转各种液体。易燃易爆化学品应安全防爆
	有毒物质密封桶	装载有毒有害物质。防酸碱,耐高温
	吸附垫、吸附棉	小范围内的吸附酸、碱和其他腐蚀性液体
	集污袋	装载有害液体
洗消物资配备标准	强酸、碱清洗剂	手部或身体小面积部位的洗消
	强酸、碱洗消器	化学灼伤部位的洗消
	洗消帐篷	消防人员洗消。配有电动充气泵、喷淋、照明等系统
	洗消粉	按比例与水混合后,对人体、物品和场地的降毒洗消
排烟照明器材配备标准	移动式排烟机	灾害现场的排烟和送风,配有相应口径的风管
	坑道小型空气输送机	缺氧空间作业,排风量符合常用救灾的要求
	移动照明灯组	灾害现场的作业照明,照度符合作业要求
	移动发电机	灾害现场等的照明

根据 QS/Y GD0167—2011《长输管道维抢修设备机具技术规范》,编制维修队专用设备设施目录清单、维抢修队专用设备设施目录清单、维抢修中心设备及机具基本配置标准清单,见表 4-53 至表 4-55。也可参考 Q/SY 136—2012《生产作业现场应急物资配备选用指南》。

表 4-53　维修队专用设备设施目录清单

序号	类别	设备名称	数量	备注
1		随车吊	1辆	吊为3T
2		小型面包车	1辆	20座以下
3		皮卡车	1辆	
4		潜水泵	2台	水河地区可适当增加数量
5		电动试压泵	1台	0～35MPa
6		蒸汽清洗机	1台	原油、成品油管道配置
7		便携式自发电电焊机	2台	发电能力 8kW 一台、3kW 一台
8		焊条烘干机	1台	容量 30kg
9		防爆照明灯	2套	
10		雷迪探管仪	1台	
11		台式砂轮机	1台	
12		台钻	1台	
13		防爆工具	1套	
14		常用工具	若干	

表 4-54　维抢修队专用设备设施目录清单

序号	类别	设备名称	数量	备注
1	起重、运输及工程机械设备	吊车	1辆	16t
2		随车吊	1辆	吊为3～5 t
3		货车	1辆	8t～12t
4		抢险指挥车	2辆	越野吉普车
5		客车	1辆	30座以下
6		小货车	1辆	2t
7		工程抢险车	1辆	车载 80kW 发动机一台、电焊机一台
8		叉车	1台	3t

续表

序号	类别	设备名称	数量	备注
9	泵与风机类	防爆抽油泵	2台	3t 50m^3/h，原油、成品油配发
10		防爆潜水泵	2台	水网地区适当增加数量
11		防爆泥浆泵	2台	2in
12		电动试压泵	1台	0～35MPa
13		防爆轴流风机	2台	19000 m^3/h
14		空压机	1台	9 m^3/h
15		蒸汽清洗机	1台	原油、成品油配发
16	发电与焊接类	发动机	2台	85～90kW
17		电焊机	2台	
18		便携式自发电电焊机	1台	
19		焊条烘干箱	1台	容量60kg 一个
20		自发电照明灯具	2台	
21	切割类	液压切管机	2台	根据负责管道不同管径、管材配备
22		电动切管机	2台	根据负责管道不同管径、管材配备
23		水泥切割机	1台	
24		半自动火焰切割机	1台	
25	开孔类	手动开孔机	2台	DN50—DN100
26	安全环保类	空气呼吸器	4台	配充气泵
27		收油机	1套	原油、成品油配备
28		围油栏		按最长管道穿越河流配置，但不得少于500m
29		橡皮筏	1艘	8人
30		可燃气体检测仪	2台	
31		含氧测试仪	2台	
32		轻便储油罐	1套	原油、成品油配备
33	卡具类	对开式法兰连接抢险卡具	若干	管径负责管道不同管径配备
34		其他卡具	若干	管径负责管道不同管径配备

续表

序号	类别	设备名称	数量	备注
35	其他	帐篷	2套	配冬季采暖设施
36		雷迪探管仪	1台	
37		法兰劈开器	1套	
38		螺母劈开器	1套	
39		液压扳手	1套	
40		防爆工具	1套	
41		常用工具	若干	

表4-55 维抢修中心设备及机具基本配置标准清单

序号	类别	设备名称	数量	备注
1	起重、运输及工程机械设备	吊车	1（2）辆	16t一辆，配封堵器的维抢修中心可根据实际需要另配25t一辆
2		随车吊	1辆	吊为3t~5t
3		卡车	2辆	8t~12t
4		抢险指挥车	2辆	越野吉普车
5		客车	2辆	仪表自动化巡检车一辆
6		小货车	1辆	2t
7		工程抢险车	1辆	车载80kW发动机1台，电焊机2台等
8		叉车	1台	3t
9	特殊设备	小型挖掘机	1台	带液压镐，作为山区管道抢修的特殊设备
10		越野货车	1辆	2.5t，作为江滩、沼泽地区管道抢险的特殊设备
11		蒸汽锅炉车	1辆	作为东北原油管道抢险特殊设备
12		履带式焊机车	1台	作为丘陵、水网、山区、雪地等地区的特殊设备，具备发电、焊接、起吊、照明、涉水、爬坡等功能
13		装载机	1辆	作为山区及东北地区的特种设备
14		雪地抢修车	1辆	作为高寒地区抢修设备
15		拖拉泵	2台	作为水网地区特种设备
16		卫星通信车	1辆	作为特殊地区的卫星通信设备

续表

序号	类别	设备名称	数量	备注
17	泵与风机类	防爆抽油泵	3台	50m^3/h,原油、成品油管道配备
18		防爆潜水泵	2台	水网地区可适当增加数量
19		防爆泥浆泵	2台	2in
20		电动试压泵	1台	0~350
21		防爆轴流风机	2台	19000 m^3/h
22		电动空压机	1台	9 m^3/h
23		蒸汽清洗机	1台	原油、成品油管道配置
24	发电与焊机类	发电机	3台	85~90kW
25		电焊机	4台	
26		便携式自发电电焊机	2台	
27		焊条烘干箱	2台	容量30kg、60kg各一个
28		自发电照明灯具	4套	
29		一拖四电焊机	1台	
30	切割类	液压切管机	2台	根据负责管道不同管径、管材配备
31		电动切管机	4台	根据负责管道不同管径、管材配备
32		锯管机	2台	根据负责管道不同管径、管材配备
33		水泥切割机	1台	
34	开孔封堵类	中低压管道封堵器	1套	根据管道管径配置
35		手动开孔机	2台	DN50~DN100
36	安全环保类	空气呼吸器	8台	配充气泵
37		收油机	1套	原油、成品油配置
38		围油栏	1套	按管道穿越最宽河流配置,但不得少于500m
39		橡皮筏	1艘	8人
40		可燃气体检测仪	2台	
41		含氧分析仪	2台	
42		轻便储油罐	1套	5m^3

续表

序号	类别	设备名称	数量	备注
43	卡具类	外对口器	2个	根据负责管道不同管径配备
44		管道连接器	若干	根据负责管道不同管径配备
45		对开式法兰连接抢修卡具	若干	根据负责管道不同管径配备
46		其他卡具	若干	根据负责管道不同配备
47	其他	活动板房	1套	配冬季采暖设施
48		帐篷	2套	配冬季采暖设施
49		卷扬机	2台	5t
50		雷迪探管仪	2台	
51		法兰劈开器	1套	
52		螺母劈开器	1套	
53		液压扳手	1套	
54		防爆工具	1套	
55		常用工具	若干	

四、保护层分析法（LOPA）

对于工艺环境中经评估的可能产生表4-25中的第一类危险源的场所，通常要通过设计安全保护层的方式来"消除、削减和预防"风险产生的可能性，或"缓冲、隔离"来降低后果的严重度。

保护层分析法是在描述后果严重度较高场所的基础上，根据每一层独立保护层失效概率和剩余风险等级，对工艺设施失效的情况下，应用安全保护层原理确定安全对策措施，保证风险降到可接受程度的过程。

（一）保护层方法的原理

首先通过本质安全设计，将风险较大的区域采用管壁加厚、系统功能冗余等方式，减小系统失效的可能性；对于需要紧急操作的部分则采用监测、逻辑控制和自动操作等方式，减小人员现场操作受伤害的可能性；其次是通过预警和报警的方式，告知人员进行人工干预，进行及时的修正；其三是由安全仪表系统根据检测、探测的结果，通过泄放、联动、调节、关断等手段实现对系统的快速反应，确保消除系统的初始灾变；其四在系统出现不可预见事故时,系统能量的释放可以通过泄放、缓冲、关断、放空等方式减小能量释放压力,确保系统造成的后果减到最低程度。其五是系统预先设置的防爆、防火功能区域自动削减释放能量冲击;由于系统缺乏一些自处理、自恢复能力,所以由人工干预采取消防等手段对可能的事故进行处理。

(二)独立保护层的确认

作为独立保护层必须满足以下四个要求:

(1)专一性。独立保护层是针对特定的后果或危险事件而设计的。

(2)独立性。独立保护层的效果不依赖于其他保护层或受其他保护层的限制,在结构上完全独立。同时还独立于初始事件或独立于与情形有关的其他保护层的对应行动。

(3)可靠性。独立保护层必须能有效地依照设计的功能运行并防止危害事件的发生,其PFDavg值应该低于1×10^{-1}。

(4)可审核性。独立保护层必须能够定期进行审核和确认。它需要定期的维护和校验以确保其可靠性维持在设计的水平。

(三)独立保护层使用的时机

(1)事故场景后果严重,需要确定后果的发生频率。

(2)确定事故场景的风险等级以及事故场景中各种保护层降低的风险水平。

(3)确定安全仪表功能(SIF)的安全完整性等级(SIL)。

(4)确定过程中的安全关键设备或安全关键活动等。

第四节　剩余风险评价

一、失效概率确定

保护层失效概率法是根据风险的保护层实施后,保护层的失效概率决定做保护层控制的风险形成事故的可能性,由此来决定风险在实施措施后的剩余风险。其中,保护层的失效概率由式(4-5)决定。

$$f_i^C = f_i^1 \times \prod_j^J PFD_{ij} = f_i^1 \times PFD_{i1} \times PFD_{i2} \times \cdots \times PFD_{ij} \qquad (4-5)$$

式中　f_i^C——初始事件i的后果C的发生频率,次/年;

f_i^1——初始事件i的发生频率,次/年;

PFD_{ij}——初始事件i中第j个阻止后果C发生的IPL的失效概率。

独立保护层设施失效概率表见表4-56。

表 4-56 独立保护层设施失效概率表

独立屏障(IPL)	说明假设具有完善的设计基础、充足的检测和维护程序	平均失效概率(PFD_{avg})
本质安全设计	如果正确地执行,将大大地降低相关场景后果的频率	1×10^{-2}
基本过程控制系统	生产过程的自动化控制(如温度、压力、液位、成分、黏度以及pH值)可以降低由于人工操作带来的风险	1×10^{-1}
单一安全联锁系统	机械安全装置	1×10^{-1}
	仪表连锁系统	1×10^{-2}
可燃气检测或火焰检测加上相应的人员响应	可燃气体检测仪	1×10^{-1}
	火焰探测器	
	岗位应急处置预案	
工艺报警和在规程上规定的人员响应	火灾报警器	1×10^{-1}
	液位超限报警器	
	岗位应急处置预案	
人员执行能力(经培训则不紧张)	熟练掌握和应用应急预案,准确判断问题和处置问题	$1\times10^{-2}\sim1\times10^{-4}$
人员执行能力(处于紧张状态)	应急能力、判断能力和处置能力因突发事故引起紧张造成能力下降	$5\times10^{-1}\sim1$
加强的安全联锁系统	机械安全装置	1×10^{-2}
爆炸抑制系统	机械安全装置	1×10^{-2}
安全阀	超压保护安全设备	1×10^{-2}
泄压阀	水击泄压保护安全设备	1×10^{-2}
防爆膜	超压保护安全设备	1×10^{-2}
防爆墙/舱/门	通过限制冲击波,保护设备/建筑物等,降低爆炸造成重大后果的频率	1×10^{-2}
阻火器或防爆器	如果设计、安装和维护合适,这些设备能够消除通过管道系统或进入容器或储罐内的潜在回火	1×10^{-2}
防火堤	降低储罐溢流、破裂、泄漏等严重后果(大面积扩散)的频率	1×10^{-2}
围堰	降低储罐溢流、破裂、泄漏等严重后果(大面积扩散)的频率	1×10^{-3}
地下排污系统	降低储罐溢流、破裂、泄漏等严重后果(大面积扩散)的频率	1×10^{-2}
开式通风口	防止超压	1×10^{-2}
耐火材料	减少热输入率,为降压/消防等提供额外的响应时间	1×10^{-2}
固定的防护设施	如防护围栏,如果维修得当,可以减少因人员防护不当造成的风险	1×10^{-2}
操作程序	操作员按照规程、程序或作业指导书作业许可票证进行操作	1×10^{-2}

二、剩余风险评估

在完成独立保护层失效概率计算后,查阅失效概率风险矩阵中的风险可能性值,可知道保护层控制的风险发生可能性。如果风险等级已经降到可接受的范围,风险的严重度就不再需要下降了。如果风险等级没有降到可接受的范围,则需要按照风险控制的要求重新采取措施。

在油罐的设计过程中,首先通过对油罐可能发生的风险进行分析,了解到油罐可能发生溢油、火灾、雷击、抽空等风险。其中,在应对溢油风险时,通过查询科技文献资料和历史事件,可知油库发生溢油的频次为 3 次 /a。

控制溢油风险的措施主要有:
（1）安装高液位报警器。
（2）增加防火堤。
（3）事故缓冲池。
（4）增加溢油围堰。

在采取第一道保护层的措施时,根据保护层失效概率计算公式和表 4-54 可知:

$$f=3\times 10^{-1}=0.3（次/年）$$

从计算结果可知,风险发生的可能性已经降到 3 年才发生一次。根据查风险矩阵表 4-40 的结果可知,风险发生的可能性仍然处于非常高的等级。如果再增加防火堤的控制措施,根据保护层失效概率计算公式和表 6-21 可知:

$$f=3\times 10^{-1}\times 10^{-2}=3\times 10^{-3}=0.003（次/年）$$

从计算结果可知,风险发生的可能性已经降到了 300 年才发生一次了。根据风险评价矩阵表 4-40 的结果可知,溢油的风险可能性已经从高级降到了中级。如果从技术的角度来看,风险还需要继续采取措施予以降低,如事故缓冲池等。但从经济的角度考虑,增加事故缓冲池将会增大生产成本。对于周边存在环境敏感点的地区和不存在环境敏感点的地区的处理方式是不一样的。因此,是否继续增加投入则要进行经济分析后再决定下一步的投资决策。

三、可接受风险准则（ALARP）

风险评估的结果应与风险可接受标准进行对比,如果当前的风险是组织不可接受的,则应采取措施降低风险。

（一）可接受个人风险评估准则

个人风险是指在评价位置长期生活、工作的,并未采取任何防护措施的人员遭受特定危害而死亡的概率。油气站场个人风险受管径、输送介质、操作压力、管道失效概率、失效模式和灾害类型等因素影响。

其中,油气站场可接受个人风险准则见表4-57。(数据来源:Q/SY 1594—2013《油气管道站场量化风险评价(QRA)导则》)

表 4-57 个人风险准则

不可接受风险,次/年	可忽略风险年,次/年	范围
1×10^{-4}	1×10^{-6}	站场界外居住类场所(如居民区、宾馆、度假村等)及公众聚集类场所(如办公场所、商场、饭店、娱乐场所等)
1×10^{-5}	3×10^{-7}	站场界外高敏感场所(如学校、医院、幼儿园、养老院等)、重要目标(如党政机关、军事管理区、文物保护单位等)及特殊场所(如大型体育场、大型交通枢纽等)
1×10^{-3}	1×10^{-5}	站场界内人员

(二)可接受社会风险评估准则

社会风险是指能够引起大于或等于 N 人死亡的事故累积频率(F),即单位时间内(通常为年)的死亡人数。通常用社会风险曲线($F-N$ 曲线)表示,如图4-5所示。

可接受社会风险标准采用 ALARP(As Low As Reasonable Practice)原则作为可接受原则。ALARP 原则通过两个风险分界线将风险划分为3个区域,即不可接受区、尽可能降低区(ALARP)和可接受区。

(1)若社会风险曲线落在不可接受区,除特殊情况外,该风险无论如何不能被接受。

(2)若落在可接受区,风险处于很低的水平,该风险是可以被接受的,无需采取安全改进措施。

(3)若落在尽可能降低区,则需要在可能的情况下尽量减少风险,即对各种风险处理措施方案进行成本效益分析等,以决定是否采取这些措施。

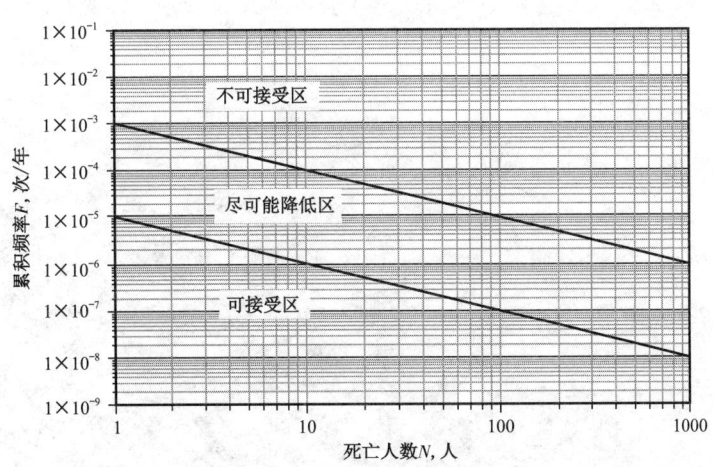

图 4-5 可接受社会风险标准($F-N$)曲线

其中,油气站场社会风险准则见表 4-58。(数据来源:Q/SY 1594—2013《油气管道站场量化风险评价(QRA)导则》)

表 4-58 社会风险准则

不可接受风险 (死亡人员/每年累计频率)	可忽略风险 (死亡人员/每年累计频率)
$1/(10^{-3})$	$1/(10^{-5})$
$10/(1 \times 10^{-4})$	$10/(1 \times 10^{-6})$
$100/(1 \times 10^{-5})$	$100/(1 \times 10^{-7})$

第五章 风险目录应用

风险目录建设的目的在于将风险目录应用到现实的风险管理实践中,确保管控系统风险识别的完整性和风险等级评价的准确性。风险目录建设完成后,要不断与环境条件变化着的现实场景进行印证和补充。

在油气长输管道的生命周期时间内,风险目录除了应用已经建成的风险目录作为风险信息收集的平台外,还可以根据风险目录提供的一些风险等级的评价结果来指导现实中的风险等级评定;根据风险控制措施来对照标准规范、规章制度中的控制措施是否完善,以及是否可以相互借鉴等。

风险目录的应用也是在不断与风险管控机制相吻合,通过对风险管控效果的持续验证确保风险管理能力的有序提升。

第一节 风险目录应用途径

一、风险目录相关应用指南

风险目录的应用在国外已有相关的一些技术指南,如:
(1)2000年3月的《巴塞尔公约框架下制定危险废物国家名录的方法指南》(第1版)。
(2)1982年欧盟(原欧共体)的《工业活动中重大事故危险法令》。
风险目录的应用在国内主要体现在一些国家发布管理办法,如:
(1)2011年7月《首批重点监管的危险化学品安全措施和应急处置原则》。
(2)2015年8月《危险化学品目录(2015版)实施指南(试行)》。

二、风险目录用途

风险目录是基于对案例分析、标准规范分解、资料检索等形成的管控系统的风险信息汇编,因而可以用于帮助风险管理者更完整地识别风险,利用风险目录已有的数据完善现场的管理文件等。风险目录的用途主要有以下十四个方面(但不限于):
(1)提供公司风险管理政策编制依据。
(2)分配专业部门管理职责和职权依据。
(3)提供风险成因与机理、情景描述和伤害对象判别依据。
(4)修订操作规程的依据。
(5)划分高后果区、高风险区的依据。
(6)确定风险评价与管理级别的依据。

（7）隐患治理报告编制依据。

（8）风险管理检查表编制依据。

（9）目视化管理标识内容。

（10）风险监控方案编制依据。

（11）应急预案编制依据。

（12）风险数据库编制依据。

（13）审核体系文件编制适合性、针对性的依据。

（14）编制管理标准、技术标准和工作标准的参考。

三、风险目录应用方法

风险目录的应用方法为：

（1）确定需要审查的对象。

（2）选定对应生命周期阶段、管控系统的风险目录。

（3）与风险目录信息栏逐条查对，发现审查对象存在的不完整内容。

风险目录还可以帮助目录的使用者开展以下工作（但不限于）：

（1）开展识别系统生命周期阶段的划分。

（2）开展识别系统结构的分解。

（3）开展识别系统识别方法与评价方法的选用。

（4）控制识别系统风险识别与诊断。

（5）开展识别系统风险的确认与验证。

（6）开展识别系统风险后果分析与控制措施编制。

（7）开展识别系统风险监控。

第二节　风险目录与管控机制建设

风险目录的风险信息栏目中控制措施部分的编制在很大程度上影响了风险目录的实用价值。风险的控制措施的编制来自于规章制度、标准规范的管理要项的分解，而关键是要告知风险管理者关于风险控制措施编制的核心技术，使得目录管理者能借助于学习应用风险目录后自主地找到更多的风险控制措施，实现管理能力的创新。

一、风险控制模型建立

（一）蝴蝶结分析模型

蝴蝶结（Bow-Tie）分析模型是研究事故管理的一种几何模型。从模型可以看出，从事故的初始事件的出现到中间事件的形成，到最后突发事件的发生是由许多环节构成的。而这些环节的某一个或几个环节是事故的诱发原因,另外的一个或几个环节又是事故的触发原因。蝴蝶结分析模型图如图 5-1 所示。

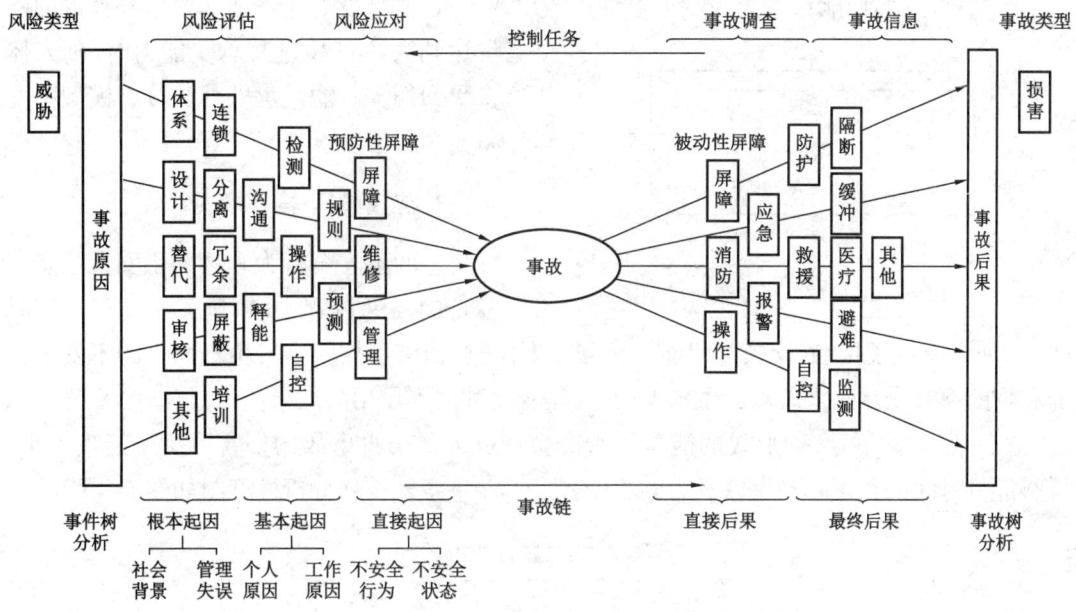

图 5-1　蝴蝶结分析模型图

(二)事故致因理论

1. 因果连锁模型(多米诺骨牌模型)

一种可防止的伤亡事故的发生,系一连串事件在一定顺序下发生的结果。按因果顺序,伤亡事故的五因素为:社会环境和管理欠缺促成人为的过失(即基本起因,包括个人因素、工作因素),人为的过失造成的不安全动作或机械、物质危害(即直接起因,包括次标准行为和次标准状况),不安全动作或机械、物质危害促成的意外事件(包括未遂事故)并由此产生的人员伤亡、经济损失的事件(损失)。五因素连锁反应构成了事故。因果连锁分析模型图如图 5-2 所示。

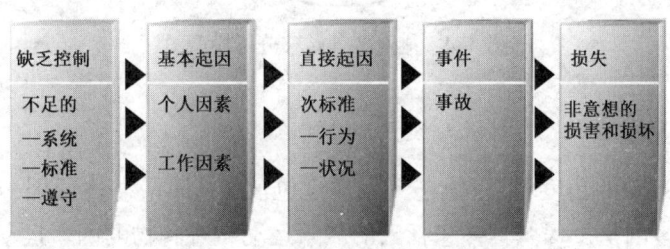

图 5-2　因果连锁分析模型图

2. 能量意外释放理论

在正常生产过程中，能量受到种种约束和限制，按照人们的意志流动、转换和做功。如果由于某种原因，使能量失去控制而意外地溢出或释放，则称发生了事故。当意外释放的能量达到人体且超过其承受能力时，则人体将受到伤害。能量意外释放分析模型图如图5-3所示。

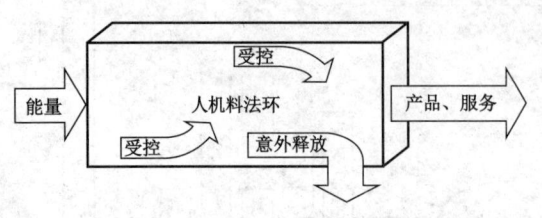

图5-3 能量意外释放分析模型图

3. 能量意外转移理论

人的不安全行为和物的不安全状态在各自的发展过程中（轨迹），如果在一定时间、空间内发生了接触（交叉），即能量转移于人体时，伤害事故就会发生。而人的不安全行为和物的不安全状态之所以产生和发展，又是受多种因素作用的结果。

在一定条件下，某种形式的能量能否产生造成人员伤亡事故的伤害取决于能量大小、接触能量时间的长短和频率以及力的集中程度。能量意外转移分析模型图如图5-4所示。

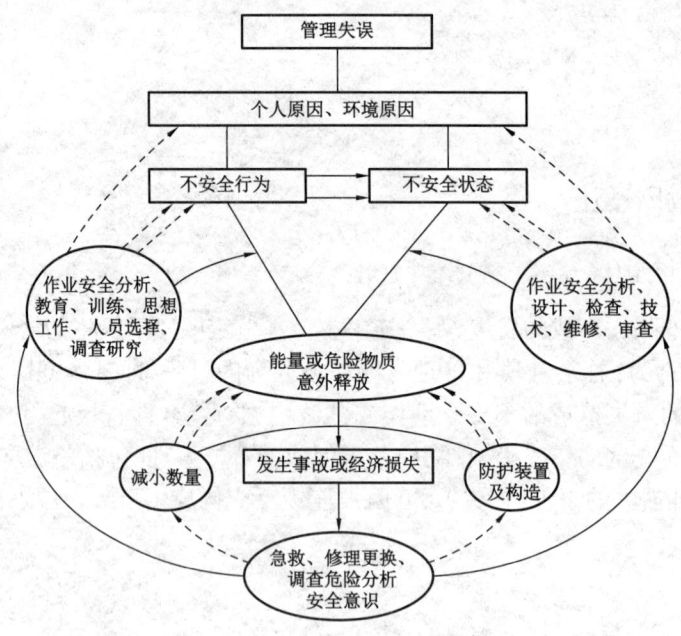

图5-4 能量意外转移分析模型图

4. 人机轨迹交叉理论

从事故发展运动的角度，人机轨迹交叉理论包含了从事故基本原因→间接原因→直接原因→事故→伤害的全过程。具体包括人的因素运动轨迹和物的因素运动轨迹。人机轨迹交叉分析模型图如图5-5所示。

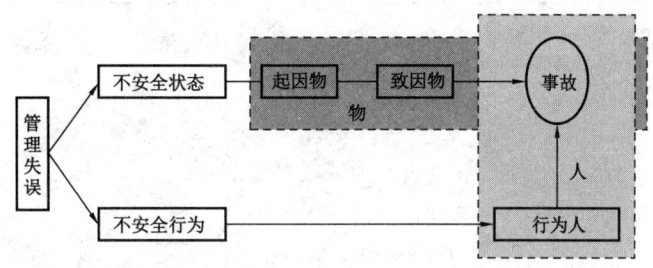

图 5-5　人机轨迹交叉分析模型图

5. 系统事故连锁模型

海因里希在《工业事故预防》一书中最先提出了事故因果连锁论,阐明了导致伤亡事故的各种因素之间以及这些因素与事故、伤害之间的关系。该理论的核心思想是:伤亡事故的发生不是一个孤立的事件,而是一系列原因事件相继发生的结果,即伤害与各原因之间具有连锁关系。海因里希把工业事故的发生、发展过程描述为具有如下因果关系事件的连锁:

① 人员伤亡的发生是事故的结果。
② 事故的发生是由于人的不安全行为或(和)物的不安全状态所导致的。
③ 人的不安全行为、物的不安全状态是由于人的缺点造成的。
④ 人的缺点是由于不良环境诱发的,或者是由于先天遗传因素造成的。系统连锁事故分析模型图如图 5-6 所示。

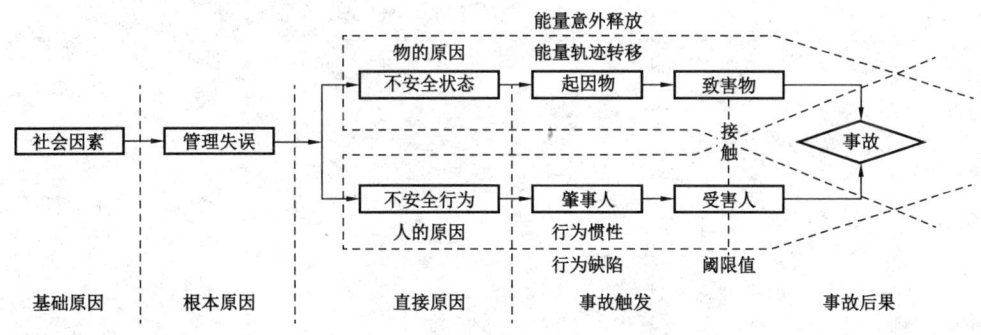

图 5-6　系统连锁事故分析模型图

二、风险管控体系

ISO 9001《质量管理体系　要求》、ISO 14001《环境管理体系　要求及使用指南》、OHSAS 18001《职业健康安全管理体系　要求》、ISO 27001《信息安全管理体系　要求》和 SY 6609《环境、健康和安全(EHS)管理体系模式》,这五个标准形成风险管控的五大体系,五大体系要素设置对比表见表 5-1。

表 5-1　风险防控体系要素对比表

OHSAS 18001《职业健康安全管理体系　要求》	ISO 14001《环境管理体系　要求及使用指南》	ISO 9001《质量管理体系　要求》	ISO 27001《信息安全管理体系　要求》	SY 6609《环境、健康和安全（EHS）管理体系模式》
	引言	引言 0.1 总则 0.2 过程方法 0.3 与 ISO 9004 的关系 0.4 与其他管理体系的相容性	引言 0.1 总则 0.2 过程方法 0.3 与其他管理体系的相容性	
1 范围	1 范围	1 范围 1.1 总则 1.2 应用	1 范围 1.1 总则 1.2 应用	1.2 范围
2 规范性引用文件	2 规范性引用文件	2 规范性引用文件	2 规范性引用文件	
3 术语和定义	3 术语和定义	3 术语和定义	3 术语和定义	1.3 术语和定义
4 职业健康安全管理体系要求	4 环境管理体系	4 质量管理体系	4 信息安全管理体系	2 管理体系要素
4.1 总要求	4.1 总要求	4.1 总要求	4.1 总要求	3.1 管理层的责任和义务
		4.2 文件要求		
			4.2 建立和管理 ISMS	
			4.2.1 建立 ISMS	
4.2 职业健康安全方针	4.2 环境方针			
4.3 策划	4.3 策划	5.4 策划		3.4 EHS 管理计划和程序
4.3.1 危险源辨识、风险评价和控制措施的确定	4.3.1 环境因素	5.2 以顾客为关注焦点 7.2.1 与产品有关的要求的确定 7.2.2 与产品有关的要求的评审		3.2 风险评价和管理
4.3.2 法律法规和其他要求	4.3.2 法律法规和其他要求	5.2 以顾客为关注焦点 7.2.1 与产品有关的要求的确定		
4.3.3 目标和方案	4.3.3 目标、指标和方案	5.4.1 质量目标 5.4.2 质量管理体系策划 8.5.1 持续改进		1.1 目的和目标

续表

OHSAS 18001《职业健康安全管理体系 要求》	ISO 14001《环境管理体系 要求及使用指南》	ISO 9001《质量管理体系 要求》	ISO 27001《信息安全管理体系 要求》	SY 6609《环境、健康和安全(EHS)管理体系模式》
4.4 实施与运行	4.4 实施与运行	7 产品实现	4.2.2 实施和运行 ISMS	
4.4.1 资源、作用、职责和权限	4.4.1 资源、作用、职责和权限	5.1 管理承诺 5.5.1 职责和权限 5.5.2 管理者代表 6.1 资源提供 6.3 基础设施	5.1 管理承诺 5.2 资源管理 5.2.1 资源提供	
4.4.2 能力、培训和意识	4.4.2 能力、培训和意识	6.2.1 总则 6.2.2 能力、意识和培训	5.2.2 培训、意识和能力	3.5 人员、培训和承包商服务
4.4.3 沟通、参与和协商	4.4.3 信息交流	5.5.3 内部沟通 7.2.3 顾客沟通		3.6 文件和信息交流
4.4.4 文件	4.4.4 文件	4.2.1 总则	4.3.1 总则	3.6 文件和信息交流
4.4.5 文件控制	4.4.5 文件控制	4.2.3 文件控制	4.3.2 文件控制	
4.4.6 运行控制	4.4.6 运行控制	7.1 产品实现的策划 7.2 与顾客有关的工程 7.2.1 与产品有关的要求的确定 7.2.2 与产品有关的要求的评审 7.3.1 设计和开发策划 7.3.2 设计和开发输入 7.3.3 设计和开发输出 7.3.4 设计和开发评审 7.3.5 设计和开发验证 7.3.6 设计和开发确认 7.3.7 设计和开发更改的控制 7.4.1 采购过程 7.4.2 采购信息 7.4.3 采购产品的验证 7.5 生产和服务提供 7.5.1 生产和服务的提供的控制 7.5.2 生产和服务的提供过程的确认 7.5.5 产品保护		3.7 设施设计和建设 3.8 操作、维护和变更管理

续表

OHSAS 18001《职业健康安全管理体系 要求》	ISO 14001《环境管理体系 要求及使用指南》	ISO 9001《质量管理体系 要求》	ISO 27001《信息安全管理体系 要求》	SY 6609《环境、健康和安全(EHS)管理体系模式》
4.4.7 应急准备和响应	4.4.7 应急准备和响应	8.3 不合格品控制		3.9 社区意识和应急反应
4.5 检查	4.5 检查	8 测量、分析和改进		3.10 EHS 业绩监测与测量
4.5.1 绩效测量和监视	4.5.1 监测和测量	7.6 监视和测量设备的控制 8.1 总则 8.2.3 过程的监视和测量 8.2.4 产品的监视和测量 8.4 数据分析	4.2.3 监视和评审 ISMS	
4.5.2 合规性评价	4.5.2 合规性评价	8.2.3 过程的监视和测量 8.2.4 产品的监视和测量		3.3 符合性和其他要求
4.5.3 事故调查、不符合、纠正措施和预防措施				
4.5.3.1 事故调查				3.11 事故调查、报告和分析
4.5.3.2 不符合、纠正措施和预防措施	4.5.3 不符合、纠正措施和预防措施	8.3 不合格品控制 8.4 数据分析 8.5.2 纠正措施 8.5.3 预防措施	8.2 纠正措施 8.3 预防措施	
4.5.4 记录控制	4.5.4 记录控制	4.2.4 记录控制	4.3.3 记录控制	
4.5.5 内部审核	4.5.5 内部审核	8.2.2 内部审核	6 ISMS 内部审核	3.12 EHS 管理体系审核
4.6 管理评审	4.6 管理评审	5.1 管理承诺 5.6 管理评审 5.6.1 总则 5.6.2 评审输入 5.6.3 评审输出 8.5.1 持续改进	7 ISMS 管理评审 7.1 总则 7.2 评审输入 7.3 评审输出 8 ISMS 改进 8.1 持续改进 4.2.4 保持和改进 ISMS	3.13 管理审核和调整

注：文中的数字编号均为相应标准的章条号。

三、风险管控标杆、典型做法

从 20 世纪 30 年代开始,国外就在不断地探索一些行之有效的管理模式,通过建立相对固定的思维模式以便在工作实践中应用。除了现在比较普遍应用、比较通用的 HSE 管理体系模式外,下面介绍几种风险管控标杆和典型做法,提供给风险管理者在现场实践中参考。

(一)挪威船级社(DNV)的 ISMEC 管理模式

挪威船级社(DNV)是一家全球领先的专业风险管理服务机构,是以"捍卫生命与财产安全,保护环境"为宗旨的独立基金组织。它吸收了国际上大量的关于风险控制的最佳实践成果,形成了风险评价与控制模式主张"识别、建标、衡量、评价与表扬和纠正",强调评价技术的准确应用。其工作管理流程如图 5-7 所示。

(二)ISO 17776 的 IESCR 管理模式

国际标准 ISO 17776—2000《石油和天然气工业海上开采装置危险识别和风险评估用方法和技术指南》提出的风险管理模式,主张从开始就形成网站的危害因素识别,建立了物质和行为不安全状态的引导词,应用现有标准规范进行评价和削减,确保最终满足现场功能需求。其工作管理流程如图 5-8 所示。

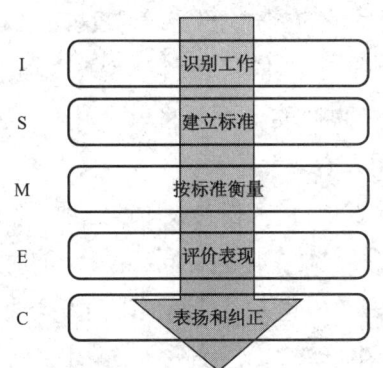

图 5-7 挪威船级社(DNV)的 ISMEC 管理流程

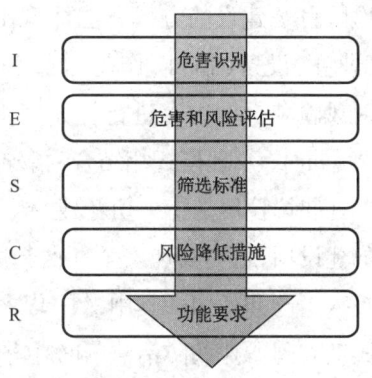

图 5-8 ISO 17776 的 IESCR 管理流程

(三)ISO 31000 的 IAET 管理模式

国际标准 ISO 31000—2009《风险管理 原则和指南》是国外风险管理研究总结的最新成果,现已转换为国家标准 GB/T 24353—2009《风险管理 原则与实施指南》,该套风险管理模式强调风险分析的作用,主张根据风险的性质来做风险后果的评估,为找准风险控制措施指明方向。其工作管理流程如图 5-9 所示。

(四)壳牌的危害与效果(HEMP)管理模式

壳牌公司的危害与效果(HEMP)管理模式的英文全名为 Hazards and Effects Mnagerment Process(HEMP),即"危害和影响管理程序",这套管理程序执行的工作流程为"识别、评价、控制和复原",强调一切受到威胁的节点都要尽可能恢复到设计要求或管理要求。其工作管理流程如图 5-10 所示。

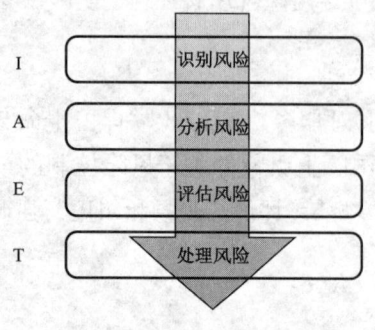

图 5-9　ISO 31000 的 IAET 管理流程

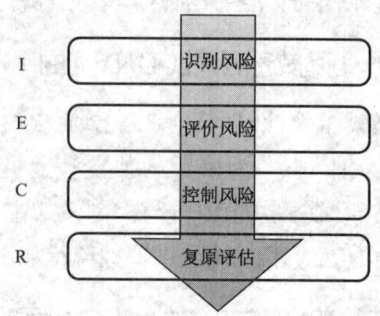

图 5-10　壳牌的危害与效果（HEMP）的 IECR 管理流程

第三节　风险目录与"三同时"管理

风险目录建设的方式方法体现出,风险可以利用目录的方式把需要管控的对象罗列出来,如业务、设备、物料、作业、行为等,再通过案例分析、行业借鉴、资料检索、现场验证等方式对风险项目和内容进行补充完善,使得风险目录不断丰富。下面将风险目录的建设方式与"三同时"管理模式相结合,指导"三同时"管理得以有效完善。

"三同时"管理是指一切新建、改建、扩建的基本建设项目(工程)、技术改造项目(工程)、引进的建设项目,为实现安全环保与健康防护的设施,必须与主体工程同时设计、同时施工、同时投入生产和使用。其中,《中华人民共和国劳动法》、《中华人民共和国矿山安全法》、《中华人民共和国职业病防治法》和《中华人民共和国安全生产法》(以下简称《安全生产法》)《中华人民共和国环境保护法》(以下简称《环境保护法》)等规定,职业安全卫生设施是为了防止伤亡事故和职业病的发生,而采取的消除职业危害因素的设备、装置、防护用具及其他防范技术措施的总称,主要包括安全、卫生设施、个体防护措施和生产性辅助设施。《安全生产法》第二十八条规定:生产经营单位新建、改建、扩建工程项目(以下统称建设项目)的安全设施,必须与主体工程同时设计、同时施工、同时投入生产和使用。安全设施投资应当纳入建设项目概算。对于环境保护设施,在《环境保护法》中明确规定:建设项目中防治污染的措施,必须与主体工程同时设计、同时施工、同时投产使用。防治污染的设施必须经原审批环境影响报告书的环保部门验收合格后,方可投入生产或者使用。

"三同时"制度从源头上消除各类项目可能造成的伤亡事故和职业病的危害因素,保护职工的安全健康,保障新工程项目正常投产使用,防止事故损失,避免因安全问题引起返工后采取弥补措施造成不必要的投入。"三同时"制度的建立,是防止新工程项目"带病"投产运行,确保物的本质安全的有效的法律制度。

一、安全环境与健康防护设施类型

(一)划分原则

(1)符合法律法规、标准规范和规章制度要求,有利于与之形成对应关系。
(2)符合行业、企业、区域、对象的基本属性。
(3)符合设施自身功能用途,管理区域功能属性、工艺作用。
(4)管理区域相对独立,自成体系,有利于管控措施的编制、管理任务的分配。
(5)控制范围以介质流向变化为依据。

(二)划分方法

(1)按构成设施用途因素的物质划分。
(2)按构成功能作用的空间划分。
(3)按构成防护部位的活动划分。

(三)安全设施划分参考标准

主要参照法律法规、标准、制度。
(1)AQ 2012—2007《石油天然气安全规程》。
(2)SY 6186—2007《石油天然气管道安全规程》。
(3)GB/T 8196—2003《机械安全 防护装置 固定式和活动式防护装置设计与制造一般要求》。
(4)GB 16895.2—2005《筑物电气装置 第4-42部分:安全防护 热效应保护》。
(5)GB 16895.5—2012《低压电气装置 第4-43部分:安全防护 过电流保护》。
(6)GB/T 16895.10—2010《低压电气装置 第4-44部分:安全防护 电压骚扰和电磁骚扰防护》。
(7)GB 16895.21—2011《低压电气装置 第4-41部分:安全防护 电击防护》。
(8)GB/T 18216.1—2012《交流1000V和直流1500V以下低压配电系统电气安全 防护措施的试验、测量或监控设备 第1部分:通用要求》。
(9)GB/T 18216.2—2012《交流1000V和直流1500V以下低压配电系统电气安全 防护措施的试验、测量或监控设备 第2部分:绝缘电阻》。
(10)GB/T 18216.3—2012《交流1000V和直流1500V以下低压配电系统电气安全 防护措施的试验、测量或监控设备 第3部分:环路阻抗》。
(11)GB/T 18216.4—2012《交流1000V和直流1500V以下低压配电系统电气安全 防护措施的试验、测量或监控设备 第4部分:接地电阻和等电位接地电阻》。
(12)GB/T 18216.5—2012《交流1000V和直流1500V以下低压配电系统电气安全 防护措施的试验、测量或监控设备 第5部分:对地阻抗》。

（13）GB/T 18216.8—2015《交流1000V和直流1500V以下低压配电系统电气安全 防护设施的试验、测量或监控设备 第8部分：IT系统中绝缘监控装置》。

（14）GB/T 18216.9—2015《交流1000V和直流1500V以下低压配电系统电气安全 防护措施的试验、测量或监控设备 第9部分：IT系统中的绝缘故障定位设备》。

（15）GB/T 18272.7—2006《工业过程测量和控制 系统评估中系统特性的评定 第7部分：系统安全性评估》。

（16）GB/T 19876—2012《机械安全 与人体部位接近速度相关的安全防护装置的定位》。

（17）GB/T 18831—2010《机械安全 带防护装置的连锁装置设计和选择原则》。

（18）GB/T 20801.6—2006《压力管道规范 工业管道 第6部分：安全防护》。

（19）GB/T 30574—2014《机械安全 安全防护的实施准则安全》。

（20）GA 267—2000《计算机信息系统雷电电磁脉冲安全防护规范》。

（21）SY/T 5536—2016《原油管道运行规范》。

（22）SY/T 6186—2007《石油天然气管道安全规程》。

（23）SY/T 6277—2017《硫化氢环境人身防护规程》。

（24）SY/T 6652—2013《成品油管道输送安全规程》。

（25）SY/T 6781—2010《高含硫化氢天然气净化厂公众安全防护距离》（已作废）。

（26）SY/T 7037—2016《油气输送管道监控与数据采集（SCADA）系统安全防护规范》。

（27）HG/T 20573—2012《分散型控制系统工程设计规范》。

（28）SH 3092—2013《石油化工分散控制系统设计规范》。

（29）DL/T 1511—2016《电力系统移动作业PDA终端安全防护技术规范》。

（30）DL/T 1527—2016《用电信息安全防护技术规范》。

（31）Q/SY 1654—2013《油气长输管道建设健康安全环境设施配备规范》。

（四）职业健康设施划分参考标准

（1）AQ/T 8009—2013《建设项目职业病危害预评价导则》。

（2）GBZ/T 196—2007《建设项目职业病危害预评价技术导则》。

（3）GB/Z 277—2016《职业病危害评价通则》。

（4）AQ/T 8008—2013《职业病危害评价通则》。

（5）AQ/T 4233—2013《建设项目职业病防护设施设计专篇编制导则》。

（6）GBZ 158—2003《工作场所职业病危害警示标识》。

（7）ZW-JB—2014-003《建设项目职业病危害控制效果评价报告编制要求》。

（8）Q/SY 1654—2013《油气长输管道建设健康安全环境设施配备规范》。

（五）环境设施划分参考标准

（1）GB 50483—2009《化工建设项目环境保护设计规范》。

（2）GB 50814—2013《电子工程环境保护设计规范》。
（3）SY/T 6628—2005《陆上石油天然气生产环境保护推荐作法》。
（4）SY/T 10047—2003《海上油(气)田开发工程环境保护设计规范》。
（5）HG/T 20501—2013《化工建设项目环境保护监测站设计规定》。
（6）HG/T 20667—2005《化工建设项目环境保护设计规定》（已作废）。
（7）SH 3024—1995《石油化工企业环境保护设计规范》。
（8）HJ/T 11—1996《环境保护设备分类与命名》。
（9）HJ/T 14—1996《环境空气质量功能区划分原则与技术方法》。
（10）HJ/T 89—2003《环境影响评价技术导则　石油化工建设项目》。
（11）HJ/T 169—2004《建设项目环境风险评价技术导则》。
（12）HJ/T 394—2007《建设项目竣工环境保护验收技术规范　生态影响类》。
（13）HJ/T 431—2008《储油库、加油站大气污染治理项目验收检测技术规范》。
（14）Q/SY 1654—2013《油气长输管道建设健康安全环境设施配备规范》。

二、安全环境与健康防护设施配置

根据 SY 6186—2007《石油天然气管道安全规程》、AQ 2012—2007《石油天然气安全规程》、Q/SY 1654—2013《油气长输管道建设健康安全环境设施配备规范》对安全环境与健康设施类型进行划分，见表 5–2。

表 5–2　安全环境与健康设施类型划分表

类型	类别	亚类别	设施
安全防护	预防事故设施	检测、报警设施	压力、温度、液位、流量、组分等报警设施
			可燃气体、有毒有害气体、氧气等检测和报警设施
			安全检查和安全数据分析等检验检测设备、仪器
			管道泄漏监测系统
			管道光纤预警系统
			管道声波预警系统
			管道穿跨越预警系统
			入侵报警系统
			视频安防监控系统
			光纤周界预警系统
			阀室、阴保间监视预警系统
			输气管道重点区域泄漏监测系统

续表

类型	类别	亚类别	设施
安全防护	预防事故设施	设备安全防护设施	防护罩
			防护屏
			负荷限制器
			制动设施
			限速设施
			防雷设施
			防潮设施
			防晒设施
			防冻设施
			防腐设施
			防渗漏设施
			传动设备安全锁闭设施
			电器过载保护设施
			静电接地设施
		防爆设施	电气、仪表防爆设施
			抑制助燃品混入设施
			阻隔防爆器材
			防爆工器具
		作业场所防护设施	防辐射设施
			防噪声设施
			通风设施
			防护栏
			防滑设施
		安全警示标志	安全标识牌
			安全标语
			安全宣传牌
			警示灯

续表

类型	类别	亚类别	设施
安全防护	控制事故设施	泄压和止逆设施	阀门
			爆破片
			放空管
			真空系统
		紧急处理设施	紧急备用电源
			紧急切断、分流、排放、吸收、中和、冷却等设施
			紧急停车设施
			仪表连锁设施
	减少与消除事故影响设施	防止火灾蔓延设施	阻火器
			安全水封
			回火防止器
			放油(火)堤
			防爆墙
			防爆门
			防火墙
			防火门
			蒸汽幕
			水幕
		灭火设施	水喷淋灭火设施
			惰性气体灭火设施
			蒸汽灭火设施
			泡沫释放设施
			消火栓
			高压水枪
			消防车
			消防水管网
			消防架
			消防沙箱
			相仿桶

续表

类型	类别	亚类别	设施
安全防护	减少与消除事故影响设施	灭火设施	消防镐
			消防钩
		紧急个体处置设施	洗眼器
			喷淋器
			逃生器
			逃生索
			应急照明
		应急救援设施	堵漏、工程抢险装备
			医疗抢救装备
		逃生避难设施	逃生和避难安全通道(梯)
			安全避难所
		劳动防护用品和装备	安全帽
			防冲击护目镜
			防护面罩
			防护紫外线护目镜
			防尘口罩
			毛巾
			正压式呼吸器
			防毒面具
			耳塞
			防静电信号服
			焊接防护服
			三防工鞋
			绝缘工靴
			绝缘手套
			防水胶靴
			布手套
			棉手套
			焊接手套
			安全带

续表

类型	类别	亚类别	设施
环境保护	水污染治理设备	物理法处理设备	沉淀装置
			澄清装置
			上浮分离装置
			气浮分离装置
			离心分离装置
			磁分离装置
			塞滤装置
			过滤装置
			微孔过滤装置
			压滤和吸滤装置
			蒸发装置
		化学法处理设备	酸碱中和装置
			氧化还原和消毒装置
			混凝装置
		物理化学处理设施	吸附装置
			离子交换装置
			膜分离装置
		生物法处理设备	耗氧处理装置
			供氧曝气装置
			厌氧处理装置
			厌氧—耗氧处理装置
		组合水处理装置	
	空气污染治理设备	除尘设备	重力与惯性力除尘装置
			旋风除尘装置
			湿气除尘装置
			过滤除尘装置
			袋式除尘装置
			静电除尘装置
			组合式除尘装置

续表

类型	类别	亚类别	设施
环境保护	空气污染治理设备	除雾设备	惯性力除雾装置
			湿气除雾装置
			过滤式除雾装置
			静电除雾装置
		气态污染物净化设备	吸附装置
			吸收装置
			氧化还原净化装置
			生物法净化装置
			冷凝净化装置
			辐照净化装置
			汽车机内净化装置
			汽车尾气净化装置
		颗粒物—气态污染物治理设备	
	固体废弃物处理装置设备	输送与存储设备	运输装置
			储存装置
		破碎压缩设备	破碎装置
			压缩装置
		焚烧设备	
		无害化处理设备	
		资源再利用设备	
	噪声与振动控制设备	噪声控制设备	吸声装置
			隔声装置
			消声装置
		振动控制装置	隔振装置
			减振装置
	放射性与电磁波污染防护设备	放射性污染防护设备	
		电磁波污染防护设备	

续表

类型	类别	亚类别	设施
职业卫生	职业病防护设施	防尘、防毒设施	排风除尘设施
			通风系统
			事故通风系统
			除尘装置
			冲洗设施
			坡向排水系统
			工业废水处理系统
			泄险沟
			毒物报警装置
			泄漏报警装置
			检测装置
			冲洗喷淋装置
			应急撤离通道
		防暑、防寒	水幕
			隔热水箱
			隔热屏
			采暖设施
			除湿排水防潮设施
		噪声、振动	隔声装置
			吸声装置
			消声装置
			减振装置
		非电离辐射、电离辐射	非电离辐射防护装置
			电离辐射防护装置
		采光、照明	防腐蚀密闭灯具
			防水灯具
			耐高温灯具

续表

类型	类别	亚类别	设施
职业卫生	职业病防护设施	采光、照明	隔紫灯具
			防爆灯具
	应急救援设施	紧急救援站	
		毒气防护站	
		急救设施	
		冲淋、洗眼设施	
		气体防护用品	
		急救处理设施	
		急救箱	
	应急通信设施	信号接收器/信号接收塔	
		防爆步话机	
		便携式喇叭	
	辅助用室	浴室	
		厕所	
		更/存衣室	

第四节 风险管控效果验证

在采取风险控制措施后,应对照作业活动对应的标准规范、工艺环境职业接触阈限值检测标准,检查危害因素是否得到消除、削减、替代,是否会影响作业、工艺生产的正常进行,并将控制措施进行记录。

一、技术验证方法

常见的技术验证方法有如下几种:
(1)标准对照法(参考 GB/T 31341《节能评估技术导则》)。
对照相应安全环保法律法规、规章制度、标准规范等,评估管理对象风险控制效果的科学合理性。
(2)参数检定法(参考 GB 12674《汽车质量(重量)参数测定方法》)。
对设备设施运行功能参数采用仪器仪表进行测量,应用设计参数规定值进行比较,以评估管理对象风险控制效果的科学合理性。

（3）量化评估法(参考 Q/SY 1594《油气管道站场量化风险评价导则》)。

对风险产生的可能性和严重度采用指标体系进行定量分析,并与风险可接受准则进行比较,以评估管理对象风险控制效果的科学合理性。

（4）防控措施完整性评价法(参考 GB 32167《油气输送管道完整性管理规范》)。

对风险防控措施的针对性、准确性、合规性、可靠性等内容进行完整性评价,防止出现措施不必要的缺陷,以评估管理对象风险控制效果的科学合理性。

（5）指标体系评价法(参考 GB/T 20106)。

使用由相互联系、相对独立、互相补充的系列风险评价指标所组成的指标集合,以评估管理对象风险控制效果的科学合理性。

主要参考技术标准有：

管道部分：GB 20801.5—2006《压力管道规范 工业管道 第 5 部分 检验与试验》、SY/T 0087.1—2006《钢制管道及储罐腐蚀评价标准 埋地钢质管道外腐蚀直接评价》、SY/T 0480—2010《管道、储罐渗漏检测方法标准》、SY/T 6653—2003《管道检验规范在用管道系统检验、修理、改造和再定级》、Q/SY 93—2004《天然气管道检验规程》。

站场部分：GB/T 29167—2012《石油天然气工业 管道输送系统 基于可靠性的极限状态方法》、SY/T 6635—2005《管道系统组件检验推荐作法》、SY/T 6653—2006《基于风险的检查（RBI）推荐做法》、SY/T 6714—2008《基于风险检验的基础方法》。

储罐部分：SY/T 0087.3—2010《钢制管道及储罐腐蚀评价标准 钢质储罐直接评价》、SY/T 0607—2006《转运油库和储罐设施的设计、施工、操作、维护与检验》、SY/T 0480—2010《管道、储罐渗漏检测方法标准》、SY/T 6620—2014《油罐的检验、修理、改建和翻建》、SY/T 6926—2012《常压和低压储罐检验的推荐作法》(已作废)。

二、管理验证方法

除了从技术上进行验证以外,还需从管理上进行评价。常见的管理验证方法有：

（1）计划执行检验法。

对工作计划执行偏差进行定量比较,根据规定执行偏差超限情况的分析,评估管理对象风险控制效果的科学合理性。

（2）安全检查表法(参考 GB 27921《风险管理 风险评估技术》)。

根据管理制度、标准规范或以往风险评估的结果或举一反三的结果编制的危险、风险或控制故障的清单进行现场检验并回答是否,以评估管理对象风险控制效果的科学合理性。

（3）体系审核法(SY/T 6276《石油天然气工业 健康、安全与环境管理体系》)。

通过实施客观地获取审核证据并予以评价,以判断组织对其设定的健康、安全与环境管理体系审核准则满足程度的系统的、独立的、形成文件的过程,以评估管理对象风险控制效果的科学合理性。

(4)演练评估法(AQ/T 9009《生产安全事故应急演练评估规范》)。

围绕演练目标和要求,对参演人员表现、演练活动准备及其组织实施过程作出客观评价,以评估管理对象风险控制效果的科学合理性。

主要参考管理标准有:

GB 3836.16—2006《爆炸性气体环境用电气设备 第16部分:电气装置的检查和维护(煤矿除外)》、AQ/T 4235—2014《作业场所职业卫生检查程序》、JGJ 59—2011《建筑施工安全检查标准》、JGJ 160—2016《施工现场机械设备检查技术规程》、Q/SY 65.1—2014《油气管道安全生产检查规范 第1部分:通则》、Q/SY 65.2—2014《油气管道安全检查规范 第2部分 原油、成品油管道》、Q/SY 65.3—2014《油气管道安全检查规范 第3部分 天然气管道》、Q/SY 1124.7—2014《石油企业现场安全检查规范 第7部分 管道施工作业》、Q/SY 1124.10—2012《石油企业现场安全检查规范 第10部分 天然气集输站》、Q/SY 1124.18—2015《石油企业现场安全检查规范 第18部分:石油化工企业 可燃液体常压储罐》、Q/SY 1002.1—2013《健康、安全与环境管理体系 第1部分:规范》、Q/SY 1245—2009《启动前安全检查管理规范》、Q/SY 1601—2013《油气管道投产前安全检查规范》等。

三、风险控制措施验证参考标准

风险控制措施的效果验证主要是看受控风险的等级是否下降,受控风险可能性是否降低。验证的方法可以依据对应事项的技术标准、管理标准、作业标准和工作标准进行衡量,也有通过专家检查、实物检测等方式进行。

在完成风险控制措施的编制后,要对其完整性进行评价,经多数人或专家认同后确认其控制效果,验证的指标如下(不限于):见表5-3。

表5-3 风险控制措施评价表

序号	指标	权重	评价	参考依据
1	危害因素识别的完整性	0.20		评价对象对应的风险目录
2	标准规范要求的满足程度	0.20		评价对象对应的标准
3	风险控制措施的有效性	0.15		措施控制验证
4	规定运行限值在定期检测,可靠	0.15		控制措施的检验记录
5	由有经验的、有责任感的人员监护	0.15		监护人员岗位值守状况
6	实施的每道程序的可靠性得到步步确认	0.15		安全交底记录和确认签字记录
	合计	1		

作业风险控制措施辨识完成后,还要参照以下技术和管理标准进行验证,并参照可靠性验证方法,直至最终确认(表5-4)。

表 5-4 作业过程管理标准规范表

序号	领域	标准规范名称
1	组织	Q/SY 1093—2011《埋地钢质管道线路工程流水作业施工工艺规程》
2	分析	Q/SY 1238—2009《工作前安全分析管理规范》
3		Q/SY 1239—2009《工作循环分析管理规范》
4		Q/SY 1245—2009《启动前安全管理规定》
5		Q/SY 1364—2011《危险与可操作性分析技术指南》
6		Q/SY 1420—2011《油气管道站场危险与可操作性分析指南》
7	文件	《HSE作业计划书编写导则》
8		Q/SY 1217—2009《HSE作业指导书编写指南》
9	培训	Q/SY 1234—2009《HSE培训管理规范》
10	条件	Q/SY 1317—2010《油品采样测温绳技术条件及采样测温作业静电安全规程》
11	工具	Q/SY 1368—2011《电动气动工具安全管理规范》
12	许可	Q/SY 1240—2009《作业许可管理规范》
13	操作	Q/SY 95—2011《油气管道储运设施受限空间作业安全规程》
14		Q/SY 165—2007《油罐人工清洗作业安全规程》
15		Q/SY 1124.7—2008《石油企业现场安全检查规范第7部分：管道施工作业》
16		Q/SY 1241—2009《动火作业安全管理规定》
17		Q/SY 1246—2009《脚手架作业安全管理规定》
18		Q/SY 1247—2009《挖掘作业安全管理规定》
19		Q/SY 1248—2009《移动式超重机吊装作业安全管理规定》
20		Q/SY 1371—2011《起升车辆作业安全管理规范》
21		Q/SY 164—2007《汽车罐车成品油、液化石油气装卸作业安全规程》
22		Q/SY 1236—2009《高处作业安全管理规范》
23		Q/SY 1242—2009《进入受限空间安全管理规定》
24		Q/SY 1243—2009《管线打开安全管理规范》
25		Q/SY 1244—2009《临时用电安全管理规定》
26	控制	Q/SY 1235—2009《行为安全观察与沟通管理规范》
27		Q/SY 1266—2010《油气管道设施锁定管理规范》
28		Q/SY 1421—2011《上锁挂牌管理规范》

续表

序号	领域	标准规范名称
29	检测	Q/SY 152—2012《油气管道火灾和可燃气体自动报警系统运行维护规程》
30		Q/SY 05152—2017《油气管道安全探测报警系统维护规程》
31	保护	Q/SY 169.1.2—2006《劳动防护服装基本规定》
32		Q/SY 171.1～Q/SY 171.3—2007《防静电防护服》(已废止)
33		Q/SY 175—2007《阻燃防护服》
34	变更	Q/SY 1237—2009《工艺设备变更管理规定》
35	应急	Q/SY 130—2007《输油气管道应急救护规范》
36		Q/SY 136—2012《生产作业现场应急物资配备选用指南》
37	场所	Q/SY 1313—2010《物探作业民爆物品临时库设置规范》
38		Q/SY 1647—2013《石油企业作业场所职业病危害因素检测规范》

附 录

一、天然气与管道业务危害因素表

天然气与管道业务危害因素见附表1。

附表1 天然气与管道业务危害因素表

序号	安全危害因素	序号	安全危害因素
S–01	设施缺陷性危害	S–01	漏电保护缺陷
	设计不当		设备未接地
	结构不合理		法兰连接松动
	强度不够		带电体裸露
	刚度不够		预埋线中途有接头
	材质缺陷		SCADA失效
	稳定性差		PLC执行不到位
	传动齿轮缺陷		变送器失灵
	密封材料缺陷		通信信号中断
	耐腐蚀性差		密封面填料不足
	阀门缺陷		管道支撑不合理或失效
	应急集中		夹具、器具、工具、运输车等工器具有缺陷
	紧固件缺陷		信号缺陷
	外形缺陷		限速飞车装置失效
	外露运动件无护罩		防爆装置缺陷
	操纵器缺陷		工件带毛刺
	制动器缺陷		设施上有倒棱
	控制器缺陷		设备超负荷运转
	压力容器缺陷		起吊装置缺陷
	防护设施缺陷		保温层缺陷
	绝缘不良		防雷装置缺陷
	管道欠保护		供电线路老化

续表

序号	安全危害因素	序号	安全危害因素
S-02	工艺系统危害	S-03	连锁装置
	水击		阻火装置(管道、油罐、放空)
	憋压		安全阀
	超压		爆破片装置
	疲劳		灭火消防系统
	屈曲		阴极保护装置
	应力开裂		油罐呼吸阀
	塑性变形		止回阀
	腐蚀		工艺盲板
	泄漏		快开盲板
	溢罐		防火堤
	折皱变形		火焰探测器
	堵塞		阻隔防爆装置
	凝结		漏电保护器
	振动		液位开关
	爆炸		自动喷淋系统
	沉船		可燃气体浓度监测装置
	卡堵		烟感探测器
	锈死		光纤传感器
	失电		可燃气体测爆仪
	气流冲蚀		有毒气体探测仪
	老化		温度传感监测装置
	结垢		缓冲软管
	膨胀		缓蚀剂加注装置
	冻裂		防爆电气设备
S-03	安全防护设施危害		保温装置
	紧急截断系统(ESD)		防雷装置
	泄压系统		防静电装置
	减压系统		膨胀器

续表

序号	安全危害因素	序号	安全危害因素
S-04	工艺危险物质	S-08	腐蚀性物质
	烃类气体		酸性腐蚀品
	烃类液体		碱性腐蚀品
	硫化氢/酸性气体		氧化剂
	液体重烃		有机过氧化物
	遇湿易燃固体	S-09	人身伤害
	其他		高处坠落
S-05	火源性物质		物体打击
	焊接(火星、火花)		车辆伤害
	灼热表面		机械伤害
	静电放电		电气危害
	机械摩擦火花		化学危害
	电气火花		起重伤害
	金属火花		灼烫
	自燃物质		火药爆炸
	易闪燃物质		天然气爆炸
	汽车尾气火花		冻伤
S-06	其他可燃物质		触电
	浸油面纱		窒息包括溺水
	干燥植被		中毒
	宿舍设施		倾覆
	其他		滑倒、绊倒和摔跤
S-07	压力危险源		坠落
	工艺系统中的压力		爆炸
	高压气瓶		火灾
	高压水		坍塌
	高压蒸汽等		生物伤害
	液压装置		其他伤害
	冲击水压		

续表

序号	安全危害因素	序号	安全危害因素
S-10	行为性危害	S-10	监督缺失或不到位
	未持证上岗		进入易燃爆空间未消除静电
	人员误操作		排污操作过猛
	违章驾驶		攀、坐不安全位置
	违章指挥		在吊物下站立
	违章操作		用扳手开关压力表
	岗位巡检不到位		劳动保护用品未配置或质量差
	禁烟区吸烟		机器运转时实施维护作业
	违章使用电动手砂轮		拆卸压力表时泄压不彻底
	防护不当		进入有限空间不检测
	下班不关电源		操作阀门时正对丝杆
	精力不集中		资料交接不验证
	奔跑作业		流程切换先关后开
	开关机器电源时未做有效告知		故障整改不及时
	未经许可开关、移动设备		不按规定期限保养设备
	启动设备前未作安全检查		用铁丝替代熔断丝
	冒险进入危险场所		压力容器未定期检定
	管理粗心		交叉作业不采取隔离措施
	工具使用不当		拆除安全装置
	监护缺失或失误		调校安全阀后未验证
	管道巡检不到位	S-11	与安保相关的危险源
	危险作业不清理无关人员		打孔盗油
	危险物质存储不当		倒卖光缆
	维修不到位		人为破坏
	使用带病设备		恐怖袭击
	携带和使用非防爆工具	S-12	其他
	违章使用电气设备		人为攻击
	工具摆放不合理或零乱		设备设施无防护装置
	作业前未作安全、技术交底		防雷击设施失效

续表

序号	安全危害因素	序号	安全危害因素
S-12	火焰探测仪失效	S-12	警示报警系统失灵
	责任心不足		运动部位无护罩
	经验不足		数据传输信息中断
	可燃物清理不干净		电压不稳
	管道堵塞处理不当		原油冒罐
	消防器材配置不足		气体置换不干净
	标志和信号缺陷或缺乏		加工方法缺陷
序号	健康危害因素	序号	健康危害因素
H-01	物理性危害	H-02	过敏性物质
	噪声		吸毒
	振动(如使用冲击钻)		抽烟
	电伤害		喝酒
	高低温物质	H-03	生物性危害
	热冷的温度压力(如潜水)		致病微生物(如细菌、病毒)
	非电离辐射		传染病媒介物
	运动物伤害		致害动物
	有害光照(紫外线)		致害植物等
	中暑		寄生虫
	空调冷气		有毒昆虫
	空气质量		饮食卫生
	明火	H-04	人机工程类危害
H-02	化学性危害		笨拙的姿势
	刺激物(如玻璃纤维)		不适当的工作位置、工具和设备等
	致癌物(如石棉、苯)		桌、椅设计不合理
	有毒物质(如水银、硫化氢)		超强劳动
	爆炸品		强光反射
	易燃液体		工作压力过大
	粉尘与气溶胶		重复劳动
	气味化合物		手代替工具操作

续表

序号	健康危害因素	序号	健康危害因素
H-05	心理、生理性危害	H-07	受空调冷风直吹
	负荷超限		操作人员没有健康证
	从事禁忌作业		杀虫剂过量
	危险的工作条件		恶性传染病
	带病工作		工作时间忙,无时间参加体育健身活动
	辨识功能缺陷		视频终端,长期进行VDT作业
	心理异常等		倒班作业致作息规律颠倒
H-06	放射性		管线打开,泄压罐、管道等盲端残留的有毒有害气体、液体等
	离子辐射源		塑料挥发气体
	电磁辐射		外出就餐传染病
	高压、电气辐射		毒虫叮咬
	低频电磁辐射		焊缝X射线检测
	无线偏离电磁辐射		清理防腐层时吸入有毒有害气体
H-07	其他		与外界环境交流、接触较少
	通风不良		油气泄漏
	采暖		有毒气体聚集
	休假时间安排不合理		从事有毒作业
	家庭矛盾		油气挥发
	个体防护不当		电焊强光
	大风扬尘环境工作		电焊产生烟尘
	城市污染的空气		长期吸入油气
	高温下作业		接触油品
	低温下作业		

序号	环境危害因素	序号	环境危害因素
E-01	气象水文灾害	E-01	冰雪灾害
	洪涝灾害		台风灾害

续表

序号	环境危害因素	序号	环境危害因素
E-01	暴雨灾害	E-03	土地盐碱化
	酸雨灾害		植被破坏
	雷电灾害		水源枯竭
	暴雪灾害		种源灭绝
	冰雹灾害		土地贫瘠化
	其他气象水文灾害		其他生态灾害
E-02	地质灾害	E-04	自然资源的利用
	滑坡灾害		能源/燃料消耗
	崩塌灾害		水资源
	泥石流灾害		土地资源
	地震灾害		原料消耗
	地面塌陷灾害	E-05	物理排放
	地面沉降灾害		热
	黄土滑坡灾害		噪声
	河床冲刷		光污染
	地裂缝灾害		辐射
	岩层液化	E-06	大气排放
	岩石崩落		大气污染物
	地层变形（位移）		臭味污染
	沙丘漂移	E-07	废水排放
	河流冲蚀		土壤污染
	煤矿采空		河流污染
	其他地质灾害		地下水污染
E-03	生态灾害		海洋污染
	水土流失	E-08	废物管理
	风蚀沙化		生活垃圾

续表

序号	环境危害因素	序号	环境危害因素
E-08	办公垃圾	E-11	地面湿滑
	生产垃圾		光照不足
	无害(和商业)垃圾		场所布置杂乱
	危险废弃物(放射性)		作业场地狭窄
E-09	土地使用		围栏缺陷
	违章占压		受限空间
	农田劳作		安全间距不够
	施工作业		设备地基下沉
	航道施工		应急通道堵塞
	采矿		沼泽地
	军事区域		深而窄的冲沟
E-10	室内环境危害		岩石和硬地层
	地面湿滑		软地层剂浸透水地层
	采光不良		洼地
	场所布置杂乱		湿陷性黄土
	楼道梯步缺陷		作业隐蔽所有缺陷
	房屋基础下沉	E-12	其他
	安全出口缺陷		电磁干扰
	室内温度调节不适		杂散电流干扰
	活动地板		潮湿
	玻璃窗正对工艺区		污染
	正对工艺区墙面不防震		动物的影响
E-11	室外环境危害		深根植物的影响
	气候恶劣		空调氟利昂泄漏

二、风险防控措施编制指导表

风险防控措施编制指导表见附表2。

附录

附表 2 风险防控措施编制指导表

序号	措施顺序	措施类型	功能/活动	组件/内容	描述
1	本安设计	消除措施	布局	平面布局	工艺区域的拥挤程度处于可接受的水平
					具有潜在爆炸和火灾的危险物质远离居民点
					设备设施布置严格依据常年最小频率风向
					临时建筑位于爆炸过压可能性低的位置
				安全间距	站场和终端周围应为消防设备的自由移动提供足够的空间
					站场和终端的平面布置应基于尽量减小火灾蔓延及火灾后果,应符合 GB 50160《石油化工企业设计防火规范》和 GB 50183《石油天然气工程设计防火规范》的要求
					石油压气站场与周围住宅区、相邻厂矿企业、交通线的防火间距
					向大气排放流体的管线应延长到可以安全排放的位置
				周界监测	配置和完善周界报警系统的可靠性和灵敏度
					定期组织周界报警系统功能完整性
			冗余设计	结构冗余	对特定区域管段强度、壁厚进行定期测试
					要定期对特定工艺管道进行测试
					选用特定材质管道(不锈钢等)
				功能冗余	定期对防爆阻隔设施(防爆电器等)进行检测和保养
					特定启动、停车装置要保持灵光,定期测试
					要定期对压缩机 PLC 冗余联锁系统备用主机进行运转试用,保障应急需求
					要定期对 SCADA 系统冗余系统备用主机进行运转试用,保障应急需求
					要定期对 SCADA 系统服务器等冗余系统进行运转试用,保障应急需求

续表

序号	措施顺序	措施类型	功能/活动	组件/内容	描述
1	本安设计	消除措施	决策规避	改变工作方向或方法	按HSE管理规定建立两书一表和各类突发事件应急处理程序
				制定应对政策	建立设备故障台账,分析故障原因,调整维护周期
			降低等级	降低压力等级	实施生命周期完整性管理,保证运行安全,可靠受控
					对于用来取暖、钠炉、炊事等的气源,气压尽可能控制在0.03MPa以下
					对于用来供给生产动力燃料的气源,要尽可能低地控制压力,管道压力小于或等于0.4MPa,且安装安全阀以确保管线不超压,应在每个燃料气调节阀与加热炉之间设置阻火器
				降低电压等级	潮湿区域的照明用电尽可能控制在24V以下
					室内电器用电尽可能控制在110V以下
				降低高度等级	对于需要实施高空焊接管道尽可能采取在地面焊接完成后再在高处进行安装
					佩戴安全带和安全网
		削减	降低使用量	降低危化品使用量	在作业处设置操作平台或通过脚手架增设操作平台
					严格执行GB50016《建筑设计防火规范》和GB50160《石油化工企业设计防火规范》关于危险化学品存储量定取用
					合理安排工作量,以生产需求为依据,实施在指定地点定量取用
				降低易燃物质使用量	根据《关于开展重大危险源监督管理工作的指导意见》(国家安全生产监督管理总局安监管技协调字[2004]56号)的规定严格控制可燃、易燃物质存储临界量
					可燃易燃物质使用应根据其交互反应和/或潜在的后果加剧方面的知识来划分放置
					合理安排工作量,以生产需求为依据,实施在指定地点定量取用
			降低存储量	化学品储存	化学品储存在指定区域,并有合适的围堰排出物盛载入到盛载处理设备中
					化学品储存应根据其交互反应和/或潜在的后果加剧方面的知识来划分放置

续表

序号	措施顺序	措施类型	功能/活动	组件/内容	描述
1	本安设计	削减	降低存储量	化学品储存	化学品应根据其用途等级被储放在合适的容器中
					化学品存货清单应进行登记和监控，以确保其最小化
					废弃化学品同样管理
			降低接触时间	限制人员在特定场所的出现	对特定危险场所，除巡检和作业外，禁止非工作人员进入，并悬挂警示标识
					根据毒物的性质和毒物的接触情形，选择适当的防护用品。所选用的防护用品按防护能力大小总体分为隔离式呼吸器和过滤式呼吸器
					对于容易产生腐蚀、火灾爆炸、高处坠落场所的数据录取工作采取电缆或压力导管接出的方法，有效控制人员的安全距离
			调节工作安排		长期接触大脑、受电磁场辐射伤害的人员，要注重调节工作方式，能采用书面文字修改方式进行修改的，不采用电脑
		替代	材料替代	清除化学反应	使用可能产生与空气混合引起爆炸的气体，可替换为与易产生火灾爆炸的气体，如氮气取代天然气做气密性试压的气体
				提升抗腐蚀能力	对于腐蚀较为严重的设备设施或管道可采用不锈钢材料或防腐材料进行替代
			机械替代	人工智能	对于需要人员进行连续操作、反应急速的工艺流程改由可以实现逻辑判断的 BCPS 系统、SCADA 系统等进行控制
				自动化	对于灵敏度要求高的泄漏检测、特定有毒有害场所检查等，主要通过设计高灵敏度的探测仪、报警仪等手段进行
	缓解		工艺设备完整性		没有腐蚀和冲击导致的损坏
					定期保养
				锁开/锁关阀	开锁钥匙要便于保管

续表

序号	措施顺序	措施类型	功能/活动	组件/内容	描述
1	本安设计	缓解	工艺设备完整性	常开/常关阀	阀位锁及铅封的链条完好
					阀杆可以自由地移动
					密封脂加注装置完整
					润滑油加注装置完整
					有手轮
					有唯一性标识
				管道和法兰	没有腐蚀和冲击导致的损坏(包括保温层下)
					正确的等级
					使用正确的垫片
					法兰安装正确
					合适的支撑(悬吊良好,支撑点有防腐,有热膨胀空间,没有松垂和卡住等)
					无过度振动
					有唯一性标识
				小口径管件及管路(直径<50mm)	没有腐蚀和冲击导致的损坏(包括保温层下)
					正确的等级
					使用正确的垫片
					法兰安装正确
					承插焊间隙
					双阻双排配置

续表

序号	措施顺序	措施类型	功能/活动	组件/内容	描述
1	本安设计	缓解	工艺设备完整性	小口径管件及管路（直径<50mm）	合适的支撑
					无过度振动
					有唯一性标识
				快开盲板	没有腐蚀和冲击导致的损坏
					承压能力与现场相一致
					使用正确的垫片
					有唯一性标识
				注氮盲板	没有腐蚀和冲击导致的损坏
					承压能力与现场相一致
					使用正确的垫片
					有唯一性标识
				常压储罐（加热的和冷却的）	没有腐蚀和破坏
					没有下沉
					保温层良好，没有损坏和锈蚀
					破真空/泄压装置状态良好，没有被堵塞
					排水沟渠清洁可操作
					楼梯和扶手状态良好
					浮顶没有损坏和腐蚀，密封处于正常工作状态
					过量装料保护装置就位且正常工作

续表

序号	措施顺序	措施类型	功能/活动	组件/内容	描述
1	本安设计	缓解	工艺设备完整性	常压储罐（加热的和冷却的）	防雷保护装置就位且状态良好
					在罐子顶部的消防泡沫倾泻装置/主动消防系统可以操作
					消防泡沫的接头在围堤外可接近
					围堰及其排水系统尺寸足够且状态良好
					隔断阀在围堰内,可遥控操作或在紧急状态时可接近
				非燃烧压力容器	没有腐蚀和冲击导致的损坏（包括保温层下）
					正确的等级
					使用正确的垫片
					法兰装配正确
					合适的支撑
					适当的早期泄漏处理（蒸汽环等）
					法兰的设置能够防止喷火发生时侵犯到容器本身
					有唯一性标识
				燃烧压力容器	没有腐蚀和冲击导致的损坏（包括保温层下）
					正确的等级
					使用正确的垫片
					法兰安装正确
					合适的支撑
					适当的早期泄漏处理（蒸汽环等）

续表

序号	措施顺序	措施类型	功能/活动	组件/内容	描述
1	本安设计	缓解	工艺设备完整性	燃烧压力容器	法兰的设置能够防止喷火发生时侵犯到容器本身
					控制系统适当目可操作(温度控制、火焰探测、吹扫系统等)
					有唯一性标识
			管道与地下通道的交叉	没有立于水上和瓦砾堆上
					定期巡查,及时发现管道有无破损、渗漏,并建立巡查记录
					没有坍塌的迹象
				止回阀	没有腐蚀和冲击导致的损坏
					内部构件移动自如
					有唯一性标识
				安全阀、爆破片和泄压系统	安全阀根据P&ID定压正确,并有定期校验的标签
					RVs处于良好的状态(残液排放口,阻断等)
					RV隔断阀锁开
					RV旁路阀锁关
					备用RV线末端法兰正确盲死
					设备所有分隔开的部分均配备压力泄放系统(即没有任何部分可以被阻断在其内部)或者通过锁开阀连接到充分泄压的部分
					所有放空口(包括液体)的设置应保证流出物均不伤害人员或设备
					所使用的爆破片状态良好
					泄压系统管路良好,支撑足够并可操作

续表

序号	措施顺序	措施类型	功能/活动	组件/内容	描述
1	本安设计	缓解	工艺设备完整性	控制阀	没有腐蚀和冲击导致的损坏
					内部构件活动自如
					有唯一性标识
					不履行隔断功能
					没有腐蚀和冲击导致的损坏（包括保温层下）
					正确的等级
					合适的支撑
			转动设备	辅助系统可操作（润滑、进气口等）
					控制系统适当且可操作（温度控制、火焰探测、冲洗置换系统、速度控制等）
					有唯一性标识
		管道完整性	支撑结构，包括管架	没有腐蚀和冲击导致的损坏
					在需要的地方有耐火涂层
			陆上管道保护/第三方破坏防护	在适当的位置有防撞保护（在车辆和起重机横越之处）
					没有破裂、扭曲、下沉和倒塌的征兆
					应用管道完整性管理系统管道状况
					与管道相关的角色和职责被定义且理解
					管道事件包括在应急响应计划中
					曝露点进行定期监控（包括公路和河流穿越、接近居民区的部分和着陆部分）
	简化	流程简化	使用新工艺	在加注降凝剂后的原油输送系统，经长期使用和温度调查确认，在简化保温设施后不影响原油输送的情况下，可以简化掉保温流程

续表

序号	措施顺序	措施类型	功能/活动	组件/内容	描述
1	本安设计	简化	设备简化	停用设备	对于处于停用的设备设施尽可能从工艺流程中去除
				冗余设备	对于因当初设计时设置的功能设备，在投运后因功能流程发生变化而不再继续使用的设备
2	监测与控制	探测、报警设施	火灾和气体探测	现场建筑物的烟及气体探测	在控制室、变电站、开关设备室和有人值守的建筑物的采暖通风及空调系统的进气口均配置合适的可燃气探测器（经过校验能可靠地探测可燃气体）
					具有关闭进气风门和停运可燃气风扇的功能
					在现场建筑物的每一个房间内均安装了烟气探测器
					所有探测器报警到一个可以协调响应的地方
					探测器定期组织校验
				火灾和气体探测—外部区域	足够覆盖整个工艺区域的火灾和气体探测器（也就是安装的高度和间隔等）
					各种类型的探测器及其校验适合于相应的气体释放（也就是毒气与可燃气、泄漏和可见火焰及破裂与点探测器及可见光探测器及声波探测器等。）
					连接和密封状况
					探测器定期组织校验
				火灾和气体探测—机器防护壳	覆盖可燃烃类释放的区域，包括机器防护壳内的油雾、油蒸汽和显著的温度上升
					覆盖连续操作的机器防护壳的空气入口（主燃气轮机，在建筑物内的或者具有防护壳等）以探测气体，有气源的机械防护壳的排气（仅主燃气轮机），消防泵防护壳的正常运行不运行情况下不运行的机械附近（应急发电机、消防泵）以探测气体
					探测器经过定期校验
				火灾和气体控制（ICS的一部分）	当发生火灾时，探测到烟或气体时，火灾和气体探测系统启动警报并采取适当的应变行动（即启动ESD，装置内声光报警及消防水泵）

续表

序号	措施顺序	措施类型	功能/活动	组件/内容	描述
2	监测与控制	探测、报警设施	火灾和气体探测	火灾和气体控制（ICS的一部分）	探测到烟或气体时有合适的就地和中央声光报警
					火灾和气体控制面板安装在合适的位置以协调应急响应
					火灾和气体探测系统进行定期的从头到尾的测试以确认其满足期望的可靠性（SIL）
		管道泄漏探测系统	全部		压力变送器工作正常，并定期进行校验
					定期对音波泄漏监测仪进行校验，加强巡检，及时发现问题
					定期校验 RTU 系统
					数据通讯系统使用和维护应严格遵循操作规范，对于需要更换的设备应及时上报，不得擅自拆卸、变动参数
					终端分析处理装置
					有适当的监控管道泄漏的装置，尤其在一些关键的位置如马路和河流的横越处及居民区
		管道腐蚀监测系统	全部		腐蚀监测仪定期校验，保障其可靠性
					腐蚀挂片定期观测并及时更换
					电阻探针安装形式要根据使用环境进行相应的改变
					定期对 FSM 测量装置进行校验，保障其可靠性
					定期对线性极化探针进行校验，更换工作状态异常的探针
					便携式测氢通量测量仪定期校验，保障其可靠性
					缓蚀剂加注装置处于良好状态，能够正确的配比注入适当数量的缓释剂
					定期检查阴极保护装置，确保阴极保护装置处于最佳工作状态
					加强对清管装置各项参数进行检查记录分析。不允许清管器背架有明显形变、皮碗等部件不允许撕裂、缺损

续表

序号	措施顺序	措施类型	功能/活动	组件/内容	描述
2	监测与控制	设备安全防护设施	BCPS（联动机构）	探测与传感器	火焰探测器定期校验，保障其可靠性
					气体探测器定期校验，保障其可靠性
					烟雾探测器定期校验，保障其可靠性
					压力变送器定期校验，保障其可靠性
					温度变送器定期校验，保障其可靠性
				逻辑控制器（智能仪表、PLC、表决逻辑）执行功能组件	主计算机定期测试以确认其功能和可靠性满足预期要求
					站控计算机定期测试以确认其功能和可靠性满足预期要求
					RTU定期测试以确认其功能和可靠性满足预期要求
					PLC定期测试以确认其功能和可靠性满足预期要求
					定期对电磁阀进行检查，替换损坏老化部分，保障其可靠性
					切断阀工作状态良好
					调节阀定期校验保养，满足对系统可靠性的要求
					调速装置定期校验保养，满足对系统可靠性的要求
					气液联动装置各部件工作状态良好，并及时保养
					对电液联动驱动装置定期巡查
					连锁装置
		防爆设施	点火源控制	机动车	自动化仪表工作正常，并定期保养，建立保养台账
					现场机动车排气管均安装阻火器
					通过检查和认证程序的管理，确保现场车辆运转正常

续表

序号	措施顺序	措施类型	功能/活动	组件/内容	描述
2	监测与控制	防爆设施	点火源控制	机动车	进入工艺区域，尤其是具有高的潜在性爆炸危险的区域，通过物质（屏障）和程序（许可证）控制的方法来管理
				火焰加热器，热表面及烟气排放	根据重大的释放源设置加热炉和烟囱的地点
					对火焰加热器的控制就是对携带有进风的燃气供给的控制
					点火前吹扫火焰加热器以防止再启动时发生内部爆炸
		防爆防雷击		电气设施	Ex 等级的电路和电气系统被用于具有危险气（体）的区域（如 1 区或 2 区）
					非 Ex 等级的电路不能用于气体探测器
					变压器要安装在远离危险气体区域的地方
					配电室和变电站的进风口安装可燃气体探测器
				闪电、静电及接地	所有类型的设备有接地且处于良好状态
					防雷系统完善并处于良好的状态，且明显的能全面覆盖储罐
			采暖、通风及空调系统	采暖、通风	采暖、通风及空调系统的风扇与安装在空气入口的可燃气体探测器分别由不同的电源供电
					当有采暖、通风及空调系统的进风口探测到可燃、有毒气体或者烟气时，系统能实际隔离（风门）空气供应
					所有的采暖、通风及空调系统的风门有合适的耐火级别，其根据敬可认可的行业实践和当地法规来确定
				空调系统	空调系统的风扇与安装在空气入口的可燃气体探测器分别由不同电源供电
					散热装置要定期清洁，防冻
		作业场所防护设施	站控室监控视频系统	操作面板/工作站	操作面板安装在合适的地点，这样在紧急状态时操作人员可以得到保护

续表

序号	措施顺序	措施类型	功能/活动	组件/内容	描述
2	监测与控制	作业场所防护设施	站控室监控视频系统	操作面板/工作站	操作面板能能明确地显示信息,尤其与超载相关的警报
					操作面板在紧急情况如装置失电时仍可操作
					关键调室位置得到合理保护
					摄像头定期检验,及时更换损坏摄像头
					电动变焦镜头安装在合适地方,并注意保养
					定期对全方位云台进行测试保养
					定期对通讯传输电缆进行测试保养
				闭路电视(CCTV)	显示屏及存储系统定期维护
					矩阵切换主机定期维护,保证其可靠性
					CCTV覆盖到所有疑问的区域内所有的必要的角落以便在受到保护的中央控制中心能观察到这些地方
					CCTV设备、电缆、信号编组和监控器安装在合适的地方
			内部和外部通讯	全部	对内对外的电话和传真在所有发生紧急情况的时间内可用,对于应急控制中心具有两种方式与所有相关方进行通讯的能力
			不间断电源	全部	不间断电源供电给所有具有应急功能的且若不供电会致其功能失效的关键设备,包括ESD系统、控制系统、通信系统、应急通信系统
					不间断电源得到足够的保护以确保其任紧急状况下能连续运行
			坠落物及撞击保护	全部	可能受到车辆、船只及其他高空坠物冲击的区域进行适当的保护
					工艺区域准入控制限制了重型起重型起重机和车辆进入的可能性
			物料储存	备品备件	备品备件储存在指定区域,并定期检查、维护和保养,达到不损失、不丢失、不生锈、不霉变、不变质

续表

序号	措施顺序	措施类型	功能/活动	组件/内容	描述
2		作业场所防护设施	物料储存	备品备件	备用钢材、管件、阀门等按区域划分存放
					常用配料配件按照规定及时序入库
				应急物资	应急物资应单独保管，并经常检查、保养，有故障时及时维修，对不足的应急物资要及时补充，对失效过期的应急物资要及时更换
					应急物资应由公司应急管理机构或应急办公室统一调配使用，未经同意不得挪用
				警示标识	在人员产生职业伤害的场所、安全伤害的措施按规范要求悬挂警示标识
				警示信号	在可能产生伤害的场所、危险化学品伤害的措施要通过声光进行警示提示
	监测与控制		警告措施	警报	工艺控制系统的关键状态在就地和中央控制室均可显示
					对警报记录划分以确保关键的警报能够得到操作人员的注意
				通告	对警报记录进行维护
					开展各类危险性较大的活动，需向内部员工或周边人员进行告知
		警示标志	三桩一牌标志	里程桩转交桩检测桩警示牌	按照法规要求设立了安全警示标志，在有直接或潜在的危害处或外需要说明的地方、设置危险警示、情况和指示说明等
					生产区与办公及生活区应有明显的分界线和标记，生产场所要害部应设警示标签，生产站区门前应有《进站安全须知》
					所有带缺陷设备，在没有合适的隔离时，都应设置标签
					用颜色和警告标志系统来标示紧急通道，安全指示和急救、逃生设备等
					用颜色和警告标志系统来标示含有危害物质的设备、特别是在危害物质的补充系统以及废物容器
					用颜色和警告标志系统来标识排水、排放系统以及危险点
					在危险品易燃品设施上张贴易燃/危险标志

续表

序号	措施顺序	措施类型	功能/活动	组件/内容	描述
2	监测与控制	警示标志	三桩一牌标志	里程桩	储存易燃易爆化学品库房房安全标识到位、有效
				转交桩	
				检测桩	防火设备标志应清晰，在一定距离内容易被看到
				警示牌	
			防油防溢堤	罐区周边	围堰和排水尺寸足够且状态良好
					围堰墙（包括内部分隔墙）完整并状态良好
					排水阀在围堰内，可远程操作或者紧急时可接近
					进入围堰是受限制的
3	可靠性管理	被动安全技术	防火防爆墙	防火墙	定期对防火墙状态（结构完整性、耐火层、腐蚀变色的证据）进行检查并备份
					防火墙适当的穿越如管线（最大单罐容量、消防水量和雨水量）
				防火堤	防火堤容量满足设计要求，不至于使保护无效
					防火堤堤坎周边无不必要的泄水孔
				防爆墙	防爆墙状态（结构完整、耐火层、腐蚀变色的证据）
					合适的穿越包括如管线和门，不至于使保护失效
				防爆嵌板	嵌板状况（扣件和嵌板受撞击和腐蚀变色）
			缓冲性物理保护	保护涂层	保护涂层状态良好，没有损坏和腐蚀变色
					保护涂层耐火能力达到设计要求
					涂层覆盖没有腐蚀和冲击导致的损坏
				截断装置	控制阀没有腐蚀和冲击导致的损坏
					自动切断气源及排空设施

续表

序号	措施顺序	措施类型	功能/活动	组件/内容	描述
3	可靠性管理	被动安全技术	缓冲性物理保护	缓冲装置	止回阀有定期校验的标签
					定期检测缓冲装置,保证其可靠性
					喘振检测及控制设施
					定期检查防喘振阀,并记录检测时间,检查人等信息
					可能受到车辆、船只及其他高空坠落物冲击的区域进行适当的保护
					对事故缓冲池进行适当的保护
					接地设施定期检查(每年检查两次)并建立台账
					防雷装置应按照相关规定委托具备相应资质的机构进行检查
					浪涌保护器状态良好,并定期进行检测
					定期检测屏蔽接地线是否接通
					屏蔽连锁需要定期测试
			防雷防静电系统	油气管道的法兰连接处应有金属跨接线,并定期对金属跨接线进行检查,更换腐蚀、断裂的跨接线
					接地线定期检测电阻率
					电源采用漏电保护器做分级保护时,应满足上、下级开关动作的选择性。一般上一级漏电保护器的额定漏电电流不小于下一级漏电保护器的额定漏电电流,既能避免越级跳闸,缩小事故检查范围,护人身和设备安全,又能灵敏地保护人身和设备安全
					防静电设施应按照相关规定委托具备相应资质的机构进行检查
			较高承压能力设备		对于腐蚀场所、地势低洼地段、压力超限的部位、人口密度为三级和四级的区域等,根据定量评价结果设置管道、设备设施的压力等级承压能力

续表

序号	措施顺序	措施类型	功能/活动	组件/内容	描述
3	可靠性管理	主动安全技术	安全仪表系统	现场仪表	仪表被配置用于测量关键的工艺变量,其显示系统的总体状态
					仪表配置应满足对系统的可靠性的要求(包括使用仪表决系统)
					对仪表进行校验作为检查、维护和测试的一部分
			ESD控制系统		ESD逻辑系统反映装置停工的层次
					合适的就地及中央的ESD所发生状态的声光报警
					ESD控制面板安装在合适的位置以协调应急响应
					ESD控制系统进行定期的测试以确认其满足期望的可靠性(SIL)
					警报进行划分以确保关键的警报能够引起操作人员关注
					警报记录得到保持
			ESD警报及其通告		现场的所有工艺区域均有警报
			紧急截断系统(ESD)		在噪声水平高的区域均有闪光警报
					对需要做出不同响应的事件设置不同的警报(如撤离[可燃物泄漏]或者至掩体躲藏[毒性物质泄漏])
					警报可以从中央控制室触发
					所有的工艺区域有播音系统
					警报和播音系统定期测试以确保其可操作性
			紧急关断阀(ESDV's)		ESD阀的最大允许关闭时间符合应急响应体系及QRA的要求
					ESD阀得到足够的保护(如火灾、爆炸和撞击)
					ESD阀的位置便于现场操作时接近

续表

序号	措施顺序	措施类型	功能/活动	组件/内容	描述
3	可靠性管理	主动安全技术	紧急截断系统(ESD)	紧急关断阀(ESDV's)	脉冲线和动力线处于良好状态,电磁阀及其密封完好无缺
					阀被用颜色标志及显眼的编码标签来标识以确保人员能够识别它们
			紧急泄压总管及火炬系统	泄压阀	泄压阀的最大允许打开时间应符合应响体系及QRA的要求
					对泄压阀提供足够的保护(如火灾,爆炸和撞击)
					泄压阀的位置便于现场操作时接近
					脉冲线和动力线处于良好状态,电磁阀及其密封完好无缺
					阀被用颜色标志及显眼的编码标签来标识以确保人员能够识别它们
				安全泄放装置	安全阀定期调试和维护保养
					爆破片定期调试和维护保养
				水击控制系统	泄压阀的位置便于现场操作时接近
					泄放超限报警装置状态良好
					泄压罐定期保养,无损坏,腐蚀
					污油泄放罐定期保养,无损坏,腐蚀
				火炬总管及火炬	火炬总管及火炬分液罐状态良好,有恰当的支撑
					火炬系统隔断阀处于锁开状态
				分液罐	火炬系统的现场仪器(液位系测)可操作
					火炬系统用工艺废气连续吹扫
					分液罐的液位在正常操作情况下保持最低位
					火炬总管和分液罐适用于低温操作
					火炬总管和分液罐尺寸适合基于火炬动力学研究及预期的紧急情况假设的最大火炬负荷

续表

序号	措施顺序	措施类型	功能/活动	组件/内容	描述
3	可靠性管理	主动安全技术	紧急泄压总管及火炬系统	火炬烟囱	火炬烟囱设置应远离其他工艺装置确保其热辐射水平至于对界外人员和设备产生影响
					火炬烟囱状态良好并有足够支撑（包括固定缆绳）
					火炬处于连续吹扫状态
				自动喷淋系统	喷头定期检查防止堵塞
					报警器保证完整性和灵敏度，并由专门机构校验
					水流指示器保持信号准确
					压力开关灵活。定期检查
					末端试水装置要检验系统启动，报警及联动等功能
		程序性管理	消防系统		定期检验储存容器保证无腐蚀，无裂缝
					容器阀应将其适用工作温度范围标记出来，定期检验处理，并定期检验、记录
					集流管应固定在支、框架上，支、框架应固定可靠，且应做防腐处理。并定期检验、记录
				气体灭火系统	单向阀工作正常
					气体灭火系统安装在封闭的区域
					在灭火气体释放前发出警报，以便人员撤离此出区域
					灭火气体可以从此区域范围外释放
					灭火气瓶得到足够保护，并被检查程序涵盖以确保其完整性和充气压力
				泡沫灭火系统	能够及时充分地给关键区域装载供泡沫
					消防泵的排量满足按设计流量给消防系统供水
					应有一定数量的带有冗余的消防泵以保证在维修测试时消防水能力满足要求

续表

序号	措施类型	功能/活动	组件/内容	描述
3	可靠性管理 程序性管理	消防系统	泡沫灭火系统	消防泵得到保护或者安放在不同的位置并使用不同的燃料以防止同类模型的失效
				根据设计要求定期测试消防泵以确认其可靠性
				根据设计要求定期测试柴托水泵以确认其可靠性
				根据设计要求定期测试电动水泵以确认其可靠性
				根据设计要求定期测试柴拖泡沫泵确认其可靠性
				根据设计要求定期测试电动泡沫泵确认其可靠性
				膨胀水箱定期检查保养，确保水箱无腐蚀，无裂缝
				根据设计要求定期测试隐压泵确认其可靠性
				定期检查泡沫灭火剂桶，确认可靠有效
		工艺灭火系统		加热炉灭火系统定期测试，消除回火可能性
				蒸汽炉灭火系统定期检测热媒循环系统
				蒸汽炉灭火系统启动前要做电门试验，检查其是否能正常开启
		消防水储存		消防水储罐提供防火系统在设计情况下所需要的足够的容量
				消防水储罐不给其他的现场设备供水
				消防水是可饮用的或能防止对消防水管路系统产生腐蚀
		消防水环路		消防水环路得到保护，避免重大危害事件影响（通常敷埋在地下）
				管路尺寸满足设计的流量，且设计流量满足最坏情况的要求
				如果发生损坏，消防水环路可以分段隔离
				环路管网定期进行检查和维护以确保其完整性

续表

序号	措施顺序	措施类型	功能/活动	组件/内容	描述
3	可靠性管理	程序性管理	消防系统	泡沫供应	能够及时无足地给关键区域的提供泡沫（如储罐）
					泡沫量足够应对设计状态下的火灾
				消防车	消防车的位置能够应便于其迅速到达现场
					根据完整性管理体系维持消防车的状态
					定期对消防车进行试运行以确认其可靠性
				撤离路线	撤离通道应有一定的高度和宽度（允许相架或者个人佩戴呼吸器）且没有障碍物
					撤离通道有清楚的标识并指向最近的集合点
					撤离通道允许从邻近大量危险物质的区域快速离开
					有两个以上的从工艺撤离的路径（包括平台）
				集合地点	集合地点应在装置周围安全的地方
					发生破坏时有替代的集合地点
					集合地点有应急通讯、照明，且能够进入以疏散人员
			应急响应	应急照明	标识清楚
					保护人员免受预计的危害（如针对有毒气体的集合点应在建筑物内）
					在所有的疏散线路上及战略位置如通道、楼梯、公共区域和关键控制中心应设置应急照明
					应急照明应定期维修和测试以确保其持续有效
				应急电源	应急电源由不同的渠道提供如电池系统、发电机和冗余的外部资源
					其容量应该满足以下的用户： （1）包括应急照明； （2）完整的控制系统； （3）通信系统； （4）应急通信系统； （5）其他应急响应需要的系统

续表

序号	措施类型	功能/活动	组件/内容	描述
3	程序性管理	应急响应	应急演练应急通信	电力分配和控制系统得到充分的保护且状态良好
				系统要进行定期测试和维护
				要将不同的应急预案定期与地方部门一起组织演练
				要将应急指挥和协同等与地方应急系统进行融合
				在紧急情况下可以通过多种系统使通信信息到达装置的每一个地方(无线电、电话和广播系统等)
				通信系统进行定期测试以确认其是否有效
		可靠性管理	责任制落实	签订员工 HSE 合同,落实责任目标指标
				定期进行 HSE 绩效考核,奖惩兑现
			队伍建设	要建立统一的应急演练评价标准
				要将泵阀管炉的应急处置作为现场应急处置的重点部位
		基础管理	建章建制	要充分对标国际、国内标准规范建设状况,梳理补充现行管理制度和规定
				要对影响安全健康和环境的规章制度实施对照检查,提升执行力
			健康管理	要建立健全员工健康档案
				定期组织员工健康检查,发现问题及时查找原因
			技能培训	要把风险识别能力作为员工重要技能反复训练,实现人人达标
				技能培训要与生产实际相结合
		隐患消除	隐患排查与治理	系统排查各类危险有害因素,举一反三
				隐患整改排序要以风险、危害因素的等级,危害因素的严重度,可能性为依据
				对于限期没有整改完成的隐患要挂牌督办

注:本表编制依据 GB 50160《石油化工企业设计防火规范》《火灾爆炸危险指数评价方法》《国际安全评级手册》(道化学第 7 版)《国际安全评价手册》附件Ⅱ和附件Ⅲ等。

三、油气长输管道风险目录编制示例

油气长输管道运行阶段进站阀组区的风险目录见附表3。

附表3 油气长输管道运行阶段进站阀组区风险目录

设施/物质/作业	组件/内容/步骤	危害因素	后果分析			风险评价			风险成因	控制措施
			安全	健康	环境	严重度	可能性	风险等级		
气液联动驱动装置 / 电液联动驱动装置	（1）手动阀门；（2）电动阀门；（3）进出站ESD阀；（4）越站阀；（5）注氮口盲板；（6）紧急放空系统；（7）进出站紧急截断阀；（8）安全阀	流程倒换失误造成管线憋压爆炸	（1）人身伤害风险；（2）油品泄漏及油品损失风险；（3）操作失误风险		环境污染风险	4	2	8	（1）未进行技术交底；（2）操作人员不清楚流程阀门开关状态；（3）流程改造变更未及时人员培训	（1）严格实施流程倒换时的调度管理，对原流程的阀门开关状态进行核实，在调度指令单注明规定的开关阀门编号；（2）制定操作方案和应急预案，并进行操作前的技术交底和应急预案的演练；（3）实施流程目视化标识；（4）人员素质的持续培训，及时提高员工素质；（5）严格执行工艺操作票和审票制度
		管线穿孔	管线泄漏风险		环境污染风险	3	2	6	（1）管线内腐蚀；（2）管线外腐蚀；（3）管线检测人员责任意识淡薄	（1）加强设备设施巡检维护保养，及时剥锈补漆；（2）定期进行管线壁厚的检测；（3）定时进行油品质量检测，严格控制油品酸性物质含量；（4）开展管线内检测和外检测工作，发现问题及时整改；（5）实施场站设备和管线重点部位的定点测厚工作；（6）制定安全应急预案，并定期进行演练

续表

设施/物质/作业	组件/内容/步骤	危害因素	后果分析			风险评价			风险成因	控制措施
			安全	健康	环境	严重度	可能性	风险等级		
气液联动驱动装置/电液联动驱动装置	(1)手动阀门；(2)电动阀门；(3)进出站ESD阀；(4)越站阀；(5)注氮口盲板；(6)紧急放空系统；(7)进出站紧急截断阀；(8)安全阀	介质走向标识错误	(1)人身伤害风险；(2)憋压爆管风险			2	2	4	(1)未做介质走向判定；(2)未执行目视化管理规定；(3)介质调整后未及时标识	(1)按照工艺流程图进行介质走向标识，工艺改造后及时变更和培训；(2)按照目视化要求进行介质走向标识
		阀门扭矩过大	设备损坏风险		环境污染风险	3	4	12	(1)设计缺陷或厂家扭矩计算未按照标准；(2)阀门选型错误；(3)阀门有卡堵	(1)严格执行阀门扭矩计算标准，设计必须符合现场压力等级和工艺；(2)加强现场设备设施巡检维护保养，及时更换损坏设备；(3)发现阀门异响，要及时组织相关技术人员现场诊断，及时整改更换型号合适的阀门；(4)定期活动阀门，防止出现阀门卡堵现象
		阀门法兰与管道法兰不对称	(1)人身伤害风险；(2)管道泄漏风险			3	2	6	(1)阀门法兰与管道阀门凹凸面损坏；(2)阀门法兰与管道法兰压力等级匹配不当；(3)法兰安装错误	(1)安装时，请有资质的单位施工作业，发现问题及时进行校正；(2)竣工验收时，根据设计资料检查阀门合格证、压力等级、竣工资料要包含阀门合格证书、压力等级以及相关说明书；(3)加强员工设备知识培训，提高员工发现问题能力

续表

设施/物质/作业	组件/内容/步骤	危害因素	后果分析			风险评价			风险成因	控制措施
			安全	健康	环境	严重度	可能性	风险等级		
气液联动驱动装置/电液联动驱动装置	(1)手动阀门； (2)电动阀门； (3)进出站ESD阀； (4)越站阀； (5)注氮口盲板； (6)紧急放空系统； (7)进出站紧急截断阀； (8)安全阀	阀门编号不清楚	操作失误风险			3	2	6	(1)阀门编号与工艺流程图不符合或阀门编号有损坏； (2)未执行完整性管理中阀室编号的相关规定和要求	(1)按照阀门编号原则进行编号，如区域划分编号； (2)工艺流程与现场阀门编号一致，及时更新损坏脱落的阀门编号； (3)加强阀门编号管理，做好阀门编号登记，发现问题及时查明原因
		阀门关闭不严密内漏	(1)内漏风险； (2)油品损失风险； (3)火灾爆炸风险			4	3	12	(1)阀门未关闭到位； (2)阀门密封面泄漏； (3)阀门制造缺陷； (4)介质杂质较多，密封面有杂质	(1)操作人员对阀门进行"十字"作业，定期保养； (2)定期检查阀门开关过程中存在的问题，查找阀门卡堵原因； (3)定期活动阀门手轮，防止阀腔积物； (4)定期检查阀门底部积液状况； (5)定期加注密封脂，发现缺失及时加注

续表

设施/物质/作业	组件/内容/步骤	危害因素	后果分析			风险评价			风险成因	控制措施
			安全	健康	环境	严重度	可能性	风险等级		
气液联动驱动装置 电液联动驱动装置	(1)手动阀门；(2)电动阀门；(3)进出站ESD阀；(4)越站阀；(5)注氮口盲板；(6)紧急放空系统；(7)进出站紧急截断阀；(8)安全阀	阀门卡死造成泄压 阀不能正常开启或常开或关闭	设备损坏风险			3	2	6	(1)阀门本身缺陷；(2)设备设施维护保养缺陷	(1)设计要求符合现场工艺要求；(2)加强设备设施巡检维护保养作业，对阀门进行"十字"作业，定期保养；(3)定期检查阀杆螺纹与支架滑动部位、轴承部位、齿轮和蜗轮、蜗杆的啮合部位以及其他配合活动部位，确保良好的润滑条件，减少相互间的摩擦，避免相互磨损；(4)通过涂抹润滑脂等措施，保证阀门螺纹与螺母润滑；(5)对不经常活动的启闭阀门，要定期转动手轮，防止卡死；(6)阀门系机械传动，要按时对变速箱添加润滑油；(7)室外阀门要对阀杆加保护套，防雨、酸性物质或灰尘堵塞；(8)如阀门系机械传动，要按时对变速箱添加润滑油；(9)要经常检查并保持阀门零部件完整性。如手轮的固定螺母脱落等情况，及时恢复；(10)阀门常带有防护部分，要经常察找打磨并制作安装阀杆防护套，对已经致出手脏的润滑剂要换成新的，因为灰尘中含有硬杂物，容易磨损螺纹和阀杆表面，影响使用寿命；(11)定期检查资料，要发生外漏的关键密封料，如果填料失效，造成外漏，阀门也就干失效，加强维护则可以延长填料的寿命

续表

设施/物质/作业	组件/内容/步骤	危害因素	后果分析			风险评价			风险成因	控制措施
			安全	健康	环境	严重度	可能性	风险等级		
气液联动驱动装置/电液联动驱动装置	(1)手动阀门；(2)电动阀门；(3)进出站ESD阀；(4)越站阀；(5)注氮口盲板；(6)紧急放空系统；(7)进出站紧急截断阀；(8)安全阀	阀门管线周边地表下沉	设备损坏风险			3	2	6	(1)管墩质量缺陷；(2)场地基础不牢固	(1)采用有调节式的金属螺杆管托支撑；(2)安装管托前，阀门管线下方基础夯实；(3)注意观察，发现下沉及时整改
		阀门闸板结垢	设备损坏风险			2	2	4	(1)介质杂质较多；(2)阀门维护保养缺陷	(1)介质要安装相应的分离、过滤设备清除杂质；(2)对阀门进行"十字"作业，定期保养；(3)摸清积液规律，定期检查阀门底部积液状况
		阀门阀杆变形	设备损坏风险			2	2	4	(1)阀门制造缺陷；(2)设备维护保养缺陷	(1)对阀门进行"十字"作业，定期整改；(2)加强巡检，发现问题及时整改；(3)严禁使用外加力工具操作阀门
		阀门阀芯脱落	设备损坏风险			2	2	4	(1)阀门制造缺陷；(2)维修阀门时阀芯组装缺陷	(1)严格控制阀门采购质量，对特定部位安装质量符合专项设计要求；(2)清有资质的单位施工作业，严格控制安装质量；(3)加强缺陷设备运行的维护保养，加强巡检；(4)严禁使用外加力工具操作阀门；(5)严格执行《缺陷设备管理规范》
		阀位指示不正确	操作失误风险			3	2	6	(1)阀位的刻度损坏；(2)设备本身缺陷；(3)设备检修维修时未复位	(1)加强站工艺巡检，注意检查阀位指示标识的固定状况，发现问题及时整改；(2)阀位指示严格执行按照目视化管理要求进行设置

续表

设施/物质/作业	组件/内容/步骤	危害因素	后果分析			风险评价			风险成因	控制措施
			安全	健康	环境	严重度	可能性	风险等级		
气液联动驱动装置/电液联动驱动装置	(1) 手动阀门; (2) 电动阀门; (3) 进出站ESD阀; (4) 越站阀; (5) 注氮口盲板; (6) 紧急放空系统; (7) 进出站紧急截断阀; (8) 安全阀	阀位指示松动	操作失误风险			3	2	6	(1) 阀位指示装置未固定; (2) 缺陷设备; (3) 检维修时未复位造成缺陷	(1) 加强站场工艺巡检,注意检查阀位指示标识的固定状况,发现问题及时整改,无法处理及时上报; (2) 阀位指示严格按照目视化管理要求进行设置
		气动开关失效	(1) 设备失效风险; (2) 站场停输风险			3	2	6	(1) 缺陷设备; (2) 检维修时未复位造成缺陷	(1) 收集现场工艺参数,精确计算,要求设计满足工艺和现场要求,投运时按照设计参数运行; (2) 严格管理物资采购环节,要求厂家提供阀门失效资料; (3) 设备检修时,严格执行相关设备检查程序; (4) 加强员工技术培训,提高员工发现故障能力
		液压泵故障	(1) 设备失效风险; (2) 站场停输风险			3	2	6	(1) 泵老化配件失效; (2) 缺陷设备; (3) 检维修时未复位造成缺陷	(1) 定期开展设备保养、检查和维护工作; (2) 设备检修时,严格执行设备检查程序; (3) 查明液压泵故障原因,及时组织维护保养; (4) 严格按照《缺陷设备管理规范》加强缺陷设备运行的维护保养

续表

设施/物质/作业	组件/内容/步骤	危害因素	后果分析			风险评价			风险成因	控制措施
			安全	健康	环境	严重度	可能性	风险等级		
气液联动驱动装置、电液联动驱动装置	(1)手动阀门；(2)电动阀门；(3)进出站ESD阀；(4)越站阀；(5)注氢口盲板；(6)紧急放空系统；(7)进出站紧急截断阀；(8)安全阀	液压回路通道堵塞	(1)设备失效风险；(2)站场停输风险			3	2	6	(1)液压油品不合符规范，杂质较多；(2)缺陷设备；(3)检修维修时未复位造成缺陷	(1)选取液压设备标准的液压油品；(2)定期检查液压回路运行状况，加强过滤装置检查工作；(3)设备检修时，严格执行设备检查维护管理程序
		手动液压执行机构卡死	(1)站场停输风险；(2)执行机构失效			4	2	8	(1)未开展"十字"作业；(2)执行机构相关配件缺陷	(1)定期检查设备部件，定期保养；(2)液压检执行机构备用相关配件及时更换
		气液联动阀关闭不到位	(1)设备失效风险；(2)站场停输风险		环境污染风险	3	2	6	(1)阀门内有杂质卡死；(2)缺陷设备；(3)检修维修时未复位造成缺陷	(1)定期检查设备部件，定期保养；(2)设备检修时，严格按照程序，设备检查完毕；(3)介质要安装相应的分离、过滤设备清除杂质；(4)严格按照《缺陷设备管理规范》加强缺陷设备运行的维护保养
		远程、就地切换按钮位置不正确	(1)操作失误风险；(2)设备损坏风险		环境污染风险	3	1	3	(1)人员错误安装；(2)设计缺陷或未按照设计安装	(1)收集满足现场工艺和现场要求，精确计算，要求设计参数运行；(2)定期组织隐患检查，发现问题及时整改并隐患闭环；(3)对人员进行及时培训

续表

设施/物质/作业	组件/内容/步骤	危害因素	后果分析			风险评价			风险成因	控制措施
			安全	健康	环境	严重度	可能性	风险等级		
气液联动驱动装置/电液联动驱动装置	(1)手动阀门; (2)电动阀门; (3)进出站ESD阀; (4)越站阀; (5)注氮口盲板; (6)紧急放空系统; (7)进出站紧急截断阀; (8)安全阀	现场与远传信号不同步	(1)站场停输风险; (2)设备损坏风险			3	2	6	(1)设备质量缺陷; (2)设备维护保养缺陷; (3)远程设备不稳定信号	(1)收集现场工艺参数,精确计算,要求按照设计参数运行; (2)定期检查设备部件,定期保养; (3)选联较为稳定的传输设备和传输网络; (4)及时通知厂家维修
		控制板继电器故障	(1)站场停输风险; (2)设备损坏风险			3	2	6	(1)设备质量缺陷; (2)缺陷设备检修维修缺陷	(1)定期检查设备部件,定期保养; (2)收集现场工艺和现场工艺参数,精确计算,要求按照设计参数运行
		气源管和检测管连接处漏气	(1)泄漏风险; (2)检测设备失效风险		环境污染风险	3	2	6	(1)检修维修时未严格按照方案实施; (2)属地监督不到位; (3)设备设施检查机制未落实	严格执行属地管理制度,监督检修维修以及定期检查巡检
		气液联动阀在正常情况下异常关闭	(1)管线憋压爆管风险; (2)站场停输风险		环境污染风险	4	1	4	(1)设备保养维护不到位,造成部件老化和损坏; (2)缺陷设备; (3)检修维修缺陷	(1)定期检查检修,严格按照规程序,并对相关设备检查完毕; (2)设备检查完毕; (3)收集现场工艺和现场工艺参数,精确计算,要求按照设计参数运行

续表

设施/物质/作业	组件/内容/步骤	危害因素	后果分析				风险评价			风险成因	控制措施
			安全	健康	环境	严重度	可能性	风险等级		
气液联动驱动装置	(1)手动阀门; (2)电动阀门; (3)进出站ESD阀; (4)越站阀; (5)注氮口盲板; (6)紧急放空系统; (7)进出站紧急截断阀; (8)安全阀	连接法兰泄漏	(1)泄漏风险; (2)油品损失风险; (3)人身伤害风险			3	3	9	(1)设备设施维护保养缺陷; (2)巡检制度缺陷; (3)法兰垫片破损或磨损失效; (4)法兰连接处松动	(1)安装时检查阀门合格证、压力等级以及相关说明书; (2)紧固螺栓时采取对角紧固; (3)技术人员及时检查,请有资质的单位施工作业; (4)安装时检查密封垫片是否完好
气液联动驱动装置		注脂嘴损坏,发生泄漏,无法注脂	设备损坏风险		环境污染风险	2	3	6	(1)未定期保养造成注脂嘴腐蚀堵塞; (2)设备制造缺陷; (3)作业方法不当,损坏	(1)定期检查设备部件,定期保养; (2)注脂时严格按照注脂操作卡的步骤进行注脂; (3)收集现场工艺参数,精确计算,要求设计满足工艺和现场要求,投运时按照设计参数运行
电液联动驱动装置		打不进密封脂/清洗液	设备损坏风险			2	3	6	(1)未定期保养造成注脂嘴腐蚀堵塞; (2)设备制造缺陷; (3)作业方法不当,损坏	(1)定期检查设备部件,定期保养; (2)注脂时严格按照注脂操作卡的步骤进行注脂; (3)清洗注脂嘴; (4)收集现场工艺参数,精确计算,要求设计满足工艺和现场要求,投运时按照设计参数运行

续表

设施/物质/作业	组件/内容/步骤	危害因素	后果分析			风险评价			风险成因	控制措施
			安全	健康	环境	严重度	可能性	风险等级		
气液联动装置/电液联动装置	(1)手动阀门；(2)电动阀门；(3)进出站ESD阀；(4)越站阀；(5)注氮口盲板；(6)紧急放空系统；(7)进出站紧急截断阀；(8)安全阀	仪表卡套漏气	(1)仪表密封失效风险；(2)气体泄漏风险			2	3	6	(1)卡套松动；(2)仪表密封元件损坏	(1)定期检查仪表卡套等部件，定期保养；(2)检查密封性能及时更换
		阀杆锈蚀	(1)设备损坏风险；(2)阀门开关困难			3	2	6	(1)阀杆制造缺陷；(2)阀杆维护保养缺陷	(1)定期检查设备部件，定期保养；(2)收集现场工艺和现场要求，精确计算，投运时按照设计参数运行
		阀杆断裂、变形	(1)设备损坏风险；(2)站场停输风险		环境污染风险	4	2	8	(1)阀杆制造缺陷；(2)阀杆维护保养缺陷	(1)定期检查设备部件，定期保养；(2)为避免出现该类事故应按阀门操作原则进行操作；(3)收集现场工艺和现场要求，精确计算，投运时按照设计参数运行
		阀杆升降不灵活	(1)设备损坏风险；(2)阀门开关困难		环境污染风险	2	2	4	(1)未开展"十字"作业；(2)阀门制造缺陷	(1)定期检查设备部件，定期保养；(2)更换填料，填料无需压太紧；(3)收集现场工艺和现场要求，精确计算，投运时按照设计参数运行

续表

设施/物质/作业	组件/内容/步骤	危害因素	后果分析			风险评价			风险成因	控制措施
			安全	健康	环境	严重度	可能性	风险等级		
气液联动驱动装置/电液联动驱动装置	(1)手动阀门; (2)电动阀门; (3)进出站ESD阀; (4)越站阀; (5)注氮口盲板; (6)紧急放空系统; (7)进出站紧急截断阀; (8)安全阀	阀杆螺母螺纹脱扣	阀门失效风险			2	2	4	(1)阀杆锈蚀,磨损严重; (2)未按SY/T 6470的规定进行阀门的操作维护检修	定期检查设备部件,定期保养
		阀杆轴承滚珠碎裂	阀门失效风险			2	2	4	(1)轴承材质缺陷; (2)轴承制造缺陷; (3)轴承配件未定期保养	(1)定期检查设备部件,定期保养; (2)收集现场工艺参数,精确计算,要求设计满足工艺和现场要求,投运时按照设计参数运行
		阀杆表面有凹坑、刮痕和轴向沟纹	(1)设备损坏风险; (2)阀门失效风险			2	2	4	阀门制造缺陷	收集现场工艺参数,精确计算,要求设计满足工艺和现场要求,投运时按照设计参数运行
		带键槽的轴无法正常活动	设备损坏风险		环境污染风险	2	2	4	(1)键磨损,键槽被损坏; (2)未开展"十字作业"	(1)定期检查设备部件,定期保养; (2)润滑,并发现转键和键槽是否损坏
		填料处渗漏	(1)油品损失风险; (2)阀门密封失效风险; (3)阀门失效风险			2	3	6	(1)设备制造缺陷; (2)材料腐蚀,应力开裂	(1)定期检查设备部件,定期保养; (2)定期巡回检查,及时发现泄漏; (3)更换填料; (4)收集现场工艺和现场要求,精确计算,要求设计满足工艺和现场要求,投运时按照设计参数运行

续表

设施/物质/作业	组件/内容/步骤	危害因素	后果分析			风险评价			风险成因	控制措施
			安全	健康	环境	严重度	可能性	风险等级		
气液联动驱动装置/电液联动驱动装置	(1) 手动阀门；(2) 电动阀门；(3) 进出站ESD阀；(4) 泄出阀；(5) 注泵口盲板；(6) 紧急放空系统；(7) 进出站紧急截断阀；(8) 安全阀	齿轮箱齿轮破损	(1) 设备损坏风险；(2) 相关作业不能继续			3	2	6	(1) 人员操作不当；(2) 设备质量缺陷；(3) 设备维护保养缺略	(1) 人员对设备操作规程进行培训,严格按照说明书步骤操作；(2) 定期检查设备部件,定期保养；(3) 收集现场工艺和现场要求,精确计算,计满足工艺和现场要求,投运时按照设计参数运行
		电动执行器故障	站场停输风险			3	2	6	(1) 设备质量缺陷；(2) 设备维护保养缺略；(3) 与执行器相关的电路故障	(1) 人员对设备操作规程进行培训,严格按照说明书步骤操作；(2) 定期检查设备部件,定期保养；(3) 收集现场工艺和现场要求,精确计算,计满足工艺和现场要求,投运时按照设计参数运行
		手轮、手柄紧固螺栓松动	操作失误风险			3	2	6	(1) 设备质量缺陷；(2) 设备维护保养缺略；(3) 人员操作时螺栓松动未回位	(1) 人员操作后,相关部件松动必须检查后回位；(2) 定期检查设备部件,定期保养；(3) 重新紧固；(4) 收集现场工艺和现场要求,精确计算,计满足工艺和现场要求,投运时按照设计参数运行

续表

设施/物质/作业	组件/内容/步骤	危害因素	后果分析			风险评价			风险成因	控制措施
			安全	健康	环境	严重度	可能性	风险等级		
气液联动驱动装置/电液联动驱动装置	(1)手动阀门；(2)电动阀门；(3)进出站ESD阀；(4)越站阀；(5)注氮口盲板；(6)紧急放空系统；(7)进出站紧急截断阀；(8)安全阀	电动机与阀门扭矩不匹配	(1)设备损坏风险；(2)站场停输风险			3	2	6	(1)设计缺陷电机选型错误；(2)阀门保养不到位，开关困难	(1)定期检查设备部件，定期保养；(2)重新设置扭矩；(3)如果电机功率较小则需更换；(4)收集满足工艺参数，精确计算，要求设计满足工艺和现场要求，投运时按照设计参数运行
		阀杆升降失灵	(1)设备损坏风险；(2)阀门开关困难		环境污染风险	3	2	6	(1)未开展"十字"作业；(2)阀门制造缺陷	(1)定期检查设备部件，定期保养；(2)定期活动，并检查各传动部件；(3)收集满足工艺和现场要求，精确计算，要求设计满足工艺和现场要求，投运时按照设计参数运行
		"O"形垫片损坏	(1)阀门泄漏风险；(2)油品损失风险		环境污染风险	2	3	6	(1)垫片制造缺陷；(2)垫片被周边环境损伤造成划痕	(1)技术人员及时检查垫片是否完好，请有资质的单位施工作业；(2)收集满足工艺和现场要求，精确计算，要求设计满足工艺和现场要求，投运时按照设计参数运行
		密封面损坏	(1)阀门泄漏风险；(2)油品损失风险			2	3	6	(1)阀门制造缺陷；(2)阀门安装时被损坏造成划痕；(3)未按SY/T 6470的规定执行阀门的操作和检修	(1)技术人员及时检查阀门密封面是否完好，请有资质的单位施工作业；(2)收集满足工艺和现场要求，精确计算，要求设计满足工艺和现场要求，投运时按照设计参数运行；(3)定期检查设备部件，定期保养

续表

设施/物质/作业	组件/内容/步骤	危害因素	后果分析			风险评价			风险成因	控制措施
			安全	健康	环境	严重度	可能性	风险等级		
气液联动驱动装置/电液联动驱动装置	(1) 手动阀门； (2) 电动阀门； (3) 进出站 ESD 阀； (4) 越站阀门； (5) 注氮口盲板； (6) 紧急放空系统； (7) 进出站紧急截断阀； (8) 安全阀	阀门开关操作时力度过大	设备损坏风险		环境污染风险	3	3	9	(1) 人员未按照操作规范，猛开猛关； (2) 未按 SY/T 6470 的规定执行阀门的操作维护检修	(1) 定期检查设备部件，定期保养； (2) 定期对操作员工进行培训
		下游管路泄漏	(1) 油品损失风险； (2) 管线腐蚀风险			3	2	6	(1) 法兰松动； (2) 管线腐蚀	(1) 定期检查设备部件，定期保养； (2) 定期对管线防腐作业
		阀门支撑架支撑不到位	设备损坏风险			3	1	3	(1) 阀门支撑架质量缺陷； (2) 场地地基不牢固	(1) 采用有调节式的金属螺杆管托或专用支架进行支撑； (2) 安装支撑架前，阀门管线下方基础夯实
		底盖外漏	(1) 设备损坏风险； (2) 阀门泄漏风险		环境污染风险	2	2	4	(1) 底盖腐蚀； (2) 设备保养不到位	(1) 定期巡检，发现问题及时处理； (2) 严格执行《工艺管理规范》； (3) 值班人员要随时监看流量数值、压力检测数值和报警信息
		底盖安装不牢	(1) 设备损坏风险； (2) 阀门泄漏风险			2	2	4	(1) 设备制造缺陷，底盖不匹配； (2) 安装方法不当	(1) 技术人员及时检查阀门密封面是否完好，请有资质的单位施工作业； (2) 收集现场工艺参数，精确计算，要求设计满足现场工艺和现场要求，按时按照设计参数运行； (3) 定期检查设备部件，定期保养

续表

设施/物质/作业	组件/内容/步骤	危害因素	后果分析			风险评价			风险成因	控制措施
			安全	健康	环境	严重度	可能性	风险等级		
气液联动驱动装置/电液联动驱动装置	(1)手动阀门；(2)电动阀门；(3)进出站ESD阀；(4)越站阀；(5)注氮口盲板；(6)紧急放空系统；(7)进出站紧急截断阀；(8)安全阀	阀门齿轮箱卡阻	设备损坏风险			2	2	4	(1)人员操作不当；(2)设备质量缺陷；(3)设备维护保养缺陷	(1)严格按照设备操作规程进行培训，严格按照说明书步骤操作；(2)定期检查设备部件，定期保养；(3)定期活动；(4)收集现场工艺和现场要求，精确计算，要求设计满足工艺和现场要求，投运时按照设计参数运行；(5)严格按照《缺陷设备管理规范》加强缺陷设备运行的维护保养
		ESDV阀门引压管泄漏	(1)设备损坏风险；(2)油品损失风险			4	2	8	(1)引压管腐蚀穿孔；(2)引压管检修未焊机完整	(1)定期检查设备连接部件，开展"十字作业"；(2)技术人员及时检查检修设备设施是否完好；(3)请有资质的单位施工作业
		站场突然停电	(1)设备损坏风险；(2)用电机组停运造成生产影响			4	2	8	(1)线路短路；(2)地方电网故障；(3)站场设备负荷增加	(1)定期检查站内设备线路，定期保养；(2)备用发电机；(3)增加用电设备及时核算功率，计算站场变压器和线路的最大值
		ESDV阀门信号线接触不佳	设备损坏风险			3	2	6	(1)设备质量缺陷；(2)设备维护保养缺陷；(3)巡检人员巡检漏项，责任意识淡漠	(1)定期检查设备部件，定期保养；(2)收集现场工艺和现场要求，精确计算，要求设计满足工艺和现场要求，投运时按照设计参数运行

续表

设施/物质/作业	组件/内容/步骤	危害因素	后果分析			风险评价			风险成因	控制措施
			安全	健康	环境	严重度	可能性	风险等级		
气液联动驱动装置/电液联动驱动装置	(1)手动阀门; (2)电动阀门; (3)进出站ESD阀; (4)越站阀; (5)注氮口盲板; (6)紧急放空系统; (7)进出站紧急截断阀; (8)安全阀	未设接地装置,或接地装置测试值不合格	(1)设备损坏风险; (2)人身伤害风险			4	2	8	(1)未按照设计书对站场设备接地规范安装接地; (2)安全防护设施缺陷,意识淡薄	(1)开展员工培训接地装置的相关作用; (2)收集现场工艺参数,精确计算,要求设计满足工艺和现场要求,投运时按照设计参数运行; (3)重新接地,经检测合格; (4)加强作业区巡检制度,站场严格按照《缺陷设备管理规范》加强缺陷设备运行的维护保养
		流程倒换错误造成管线设备超压、泄漏、爆炸	(1)人身伤害风险; (2)油品泄漏及油品损失风险; (3)人身伤害风险; (4)设备损坏		环境污染风险	4	2	8	(1)相关流程改造或工艺变更; (2)流程改造变更后未及时进行人员培训; (3)人员错误操作; (4)阀门开关未指示	(1)场站改造或相关设备安装、工艺流程整改后及时更新流程图,实施变更管理程序; (2)相关流程改造后,实施变更管理后进行人员的培训; (3)人员素质的持续培训,及时提高员工素质; (4)标识阀门开关状态,严格按照工艺操作票和唱票制度执行,标识好阀门的开关指示; (5)制定操作方案和应急预案,并进行操作前的技术交底和应急预案的演练
		维修使用后的手套、棉纱和产生的油污	火灾风险		环境污染风险	2	3	6	(1)未设立废品废料收集点; (2)人员清洁意识淡薄	(1)建立固定的废品废料收集点; (2)加强人员专业和素质的培训

续表

设施/物质/作业	组件/内容/步骤	危害因素	后果分析			风险评价			风险成因	控制措施
			安全	健康	环境	严重度	可能性	风险等级		
气液联动驱动装置/电液联动驱动装置	(1)手动阀门；(2)电动阀门；(3)进出站ESD阀；(4)越站阀；(5)注氮口盲板；(6)紧急放空系统；(7)进出站紧急截断阀；(8)安全阀	盲板泄漏	(1)火灾爆炸风险；(2)人身伤害风险	健康损害风险	环境污染风险	2	3	6	(1)盲板腐蚀；(2)设备设施维护保养不当	(1)定期对盲板进行防腐作业；(2)定期检查设备部件,定期保养
		阀门放空阀操作不当导致油污喷溅			环境污染风险	2	3	6	(1)员工放空操作猛开错误；(2)阀门开度指示错误	(1)按照放空操作卡步骤进行放空作业；(2)放空前仔细检查阀位开度
		带压进行排污作业,造成油品泄漏			环境污染风险	2	3	6	(1)检修设备时未识别出油品泄漏的风险；(2)作业方法选择不当	(1)制定检修设备可能造成油品泄漏的控制措施；(2)按照检修步骤,选取恰当方法
		误操作导致管线憋压泄漏	(1)人身伤害风险；(2)油品泄漏及油品损失风险；(3)人身伤害风险		环境污染风险	2	3	6	(1)相关流程改造未及时变更；(2)流程改造变更后未及时人员培训；(3)人员错误操作；(4)阀门开关未指示	(1)场站改造或相关设备安装、工艺流程整改后及时更新流程图,实施变更管理程序；(2)相关流程变更管理后进行人员素质的培训；(3)人员素质的持续培训,及时提高员工素质；(4)制定操作方案和应急预案,并进行应急预案的演练

续表

设施/物质/作业	组件/内容/步骤	危害因素	后果分析			风险评价			风险成因	控制措施
			安全	健康	环境	严重度	可能性	风险等级		
气液联动驱动装置/电液联动驱动装置	(1)手动阀门;(2)电动阀门;(3)进出站ESD阀;(4)越站阀;(5)注氮口盲板;(6)紧急放空系统;(7)进出站紧急截断阀;(8)安全阀	电伴热线路破损	(1)人员触电风险;(2)线路短路造成设备损坏			4	1	4	(1)线路老化;(2)巡检制度未落实执行	(1)定期检查设备线路元件,发现问题及时更换;(2)老化线路要立项更换和整改,消除隐患
		冬季凝油影响远传仪表准确度	站场停输风险			2	3	6	(1)恶劣环境和气候;(2)设备设施维护保养缺陷;(3)凝析油分离装置分离不净	(1)加强作业区巡检制度,及时排液排油;(2)建立异常情况收集制度,及时整改仪表故障
		安全阀故障	(1)油品损失风险;(2)安全阀失效风险			3	3	9	(1)安全阀校验起跳压力设置错误;(2)阀门制造缺陷	(1)校验安全阀时,严格按照站场设计规范进行调校,准确设置起跳压力;(2)定期检查设备部件,定期保养;(3)收集现场工艺参数,精确计算,投运时按照设计满足工艺和现场要求参数运行
		阀门误操作	(1)站场停输风险;(2)管线憋压,设备损坏			4	2	8	(1)员工不清楚相关工艺流程或流程阀变化后未实施变更管理规定;(2)未进行阀门开关状态标示	(1)阀门开关状态要准确无误,对员工及时培训;(2)流程变更,严格执行冬防保温方案;(3)远传仪表根据阀门常开,《输油站内原油管线凝结现场应急处置程序》

续表

设施/物质/作业	组件/内容/步骤	危害因素	后果分析			风险评价			风险成因	控制措施
			安全	健康	环境	严重度	可能性	风险等级		
气液联动驱动装置 电液联动驱动装置	(1)手动阀门；(2)电动阀门；(3)进出站ESD阀；(4)越站阀；(5)注氮口盲板；(6)紧急放空系统；(7)进出站紧急截断阀；(8)安全阀	泄压阀故障不动作	(1)憋压爆管风险；(2)设备损坏风险			4	2	8	(1)泄压阀未定期进行保养；(2)缺陷设备检维修缺陷	(1)定期保养泄压阀，发现问题及时处理；(2)开展"十字作业"，发现问题，查找原因，及时整改；(3)加强员工技能培训；(4)严格执行泄压罐故障应急预案
		上游管路泄漏	(1)油品损失风险；(2)火灾爆炸风险			4	3	12	(1)管线腐蚀穿孔；(2)管路法兰连接不紧	(1)定期对管路进行防腐处理；(2)站控远传，压力变送器，严格执行《工艺管理规范》，加强巡检
		油品排放不彻底	(1)火灾爆炸风险；(2)人身伤害风险			4	2	8	油品排放方法错误	严格按照《缺陷设备管理规范》中要求加强缺陷设备的维检修
		冬季降凝剂搅拌不均匀	管线堵塞风险		环境污染风险	2	2	4	(1)恶劣环境和气候；(2)降凝剂选型不合理	(1)根据设备和介质选择合适的降凝剂；(2)按照降凝剂的使用说明，规范冬季降凝剂使用方法
		加注泵润滑油不足	设备损坏风险		环境污染风险	2	2	4	(1)设备设施维护保养缺陷；(2)润滑油管路泄漏	(1)定期检查加注泵相关元件，发现损坏及时更换；(2)按照加注泵使用说明进行保养
		减阻剂挥发	人身伤害风险			2	2	4	(1)化学危险品保存不当；(2)未按照规范使用减阻剂	(1)定点存放，专人管理；(2)选择对人体伤害较小的减阻剂型号；(3)严格按照使用说明和规范使用减阻剂

参 考 文 献

1. Dirk Proske 著. Catalogue of Risks:Natural, Technical, SocialandHealthRisks（2008）.Germany.Springer-Verlag Berlin Heidelberg,2008.

2. 陈全编著. 职业健康安全管理体系实时过程 危险源辨识与控制［M］.北京：中国石化出版社,2010.4.

3. 罗云 等编著. 风险分析与安全评价［M］.北京：化学工业出版社,2009.12.

4. 刘祎著. 天然气集输与安全［M］.北京：中国石化出版社,2010.4.

5. 李玉星,姚光镇主编. 输气管道设计与管理.北京：中国石油大学出版社,2009.9.

6. 郑津洋,马夏康,尹谢平主编. 长输管道安全：风险辨识、评价、控制.北京：化学工业出版社,2004.5.

7. 严大凡著. 油气长输管道风险评价与完整性管理.北京：化学工业出版社,2005.6.

8. 杨筱蘅主编. 油气管道安全工程.北京：中国石化出版社,2005.4.

9. 王兰成著. 知识集成方法与技术：知识的组织和检索.北京：国防工业出版社,2010.12.

10. The Center for Chemical Process Safety.Process Safety Leading and Lagging Metrics.Petrochemical Industries, First Edition, Washington D.C.,2010.

11. （英）W.Kent.Muhlbauer 著. 管道风险管理手册.北京：中国石化出版社,2005.10.

12. 梁翕章,唐智圆著. 世界著名管道工程.北京：石油工业出版社,2002.6.

13. 美国项目协会编. 项目管理知识体系指南.北京：电子工业出版社,2009.8.

14. （美）格雷戈里 T.豪根著. 有效的工作分解结构.北京：机械工业出版社,2005.7.

15. 中国石油天然气股份有限公司管道分公司编. 长输管道工程建设项目风险管理指导手册.北京：石油工业出版社,2008.11.

16. CPE 北京兴油工程项目管理有限公司编. 石油工程建设项目管理风险识别案例手册：长输管道工程.北京：石油工业出版社,2011.3.

17. 梁翕章编著. 国外成品油管道运行与管理.北京：石油工业出版社,2010.12.

18. 国家环境保护部编. 国家污染物环境健康风险名录化学第 1 分册.北京：中国环境科学出版社.2009.2.

19. 国家环境保护部编. 国家污染物环境健康风险名录化学第 2 分册.北京：中国环境科学出版社,2011.8.

20. 国家环境保护部编. 国家污染物环境健康风险名录物理分册.北京：中国环境科学出版社,2012.9.

21. 中国石油天然气股份有限公司. 中国石油内部控制管理手册—风险评估分册,2008.1.

22. 中国石油天然气集团公司内控部. 中国石油法律风险防控程序化操作手册,2008.5.

23. 控制危险废物越境转移及其处置巴塞尔公约秘书处. 巴塞尔公约框架下制定危险废物国家名录的方法指南制定危险废物国家名录的方法指南(第 1 版).系列 /SBC 号码：99/009（E）.日内瓦,2000.3.